分散型エネルギーによる発電システム

博士（工学）野呂 康宏【著】

コロナ社

まえがき

電気エネルギーは現代社会に欠かすことのできないものである。電気を生産する，すなわち，発電のために，従来は水力発電，火力発電，原子力発電がおもに利用されてきた。これらは経済性や効率の観点から集中型の発電所として設置されるものである。

最近では，化石燃料の資源枯渇の問題，地球温暖化の問題解決のため，太陽光発電や風力発電など再生可能エネルギーによる電源を普及させる動きが世界中で活発である。また，化石燃料を利用するにしてもコージェネレーションのようにエネルギーの利用効率を高め，地球温暖化の要因と言われる二酸化炭素の排出量を削減する努力がなされている。これら再生可能エネルギーの利用やコージェネレーションは分散型の形態をとり，需要家端に設置されたり，電力系統の末端に接続されるなど，設置形態も従来と異なっている。

集中型の発電システムに関しては，発電原理からシステム構成，運用方法に至るまで，これまで多数の書籍が出されており，入門者から専門家それぞれにスキルと目的に応じて選書できよう。しかし，分散型エネルギーシステムによる発電に関しては，これまで出版されているものの多くはエネルギー資源からエネルギー変換の方法までや，概説にとどまっており，エネルギー変換の理論から発電システムまでをカバーしているものはほとんど見当たらない。

このような観点より，分散型エネルギーを利用した各種の発電システムについて，エネルギー変換の原理，変換効率，発電システムの構成，導入状況/適用例などについて現状を整理することを試みた。比較的新しい領域のため，技術が発展途上のものを一部含み，導入状況などは今後大きく変化していく可能性もあるが，それらは最新の統計情報などを確認していただきたい。

本書は，電気工学を学ぶ大学・高専の学生あるいは企業や自治体の研究者・

技術者を念頭において執筆したものである。分散型エネルギーシステムにおけるエネルギー変換および発電方法は多岐にわたり，熱力学，流体力学，化学，物性などの専門領域に関連してくるが，極力本書のみで理解できるよう，各専門領域の基礎も含めて説明するようにした。とは言え，大学での講義の時間配分を想定していることや紙面の制約より，説明が十分でない箇所もあるかと思われる。より詳細な理解が必要な場合は，本書を足掛かりに詳細な専門書を参考としていただきたい。皆さんの修学の一助となり，また，分散型エネルギーシステムの健全な普及に貢献できれば幸いである。

最後に，本書の出版にあたってご尽力いただいたコロナ社の関係各位に厚くお礼申し上げます。

2016年7月

野呂康宏

目　　次

1. 分散型エネルギーと発電形態

2. 太 陽 光 発 電

3. 太 陽 熱 発 電

4. 風 力 発 電

5. 小水力発電

6. 海洋エネルギーによる発電

7. 地熱発電

8. バイオマスエネルギーによる発電

9. 燃料電池

10. 内燃機関による発電

11. エネルギー貯蔵

第1章 分散型エネルギーと発電形態

われわれは日常生活のさまざまなところでエネルギーを利用している。交通手段や家電製品，通信機器やパソコンなど情報処理装置，工場における製品の製造などあらゆる分野に及んでいる。ここで利用するエネルギーは地球上で得られるエネルギー資源をそのまま使うことは少なく，電気エネルギーなどさまざまな形態のエネルギーに変換して利用している。

本章では，まずエネルギーの種類と形態について触れ，つぎに，これらのエネルギーを使いやすい形態に変換する方法を概説する。また，エネルギー動向と環境問題について現状を紹介する。さらに，分散型エネルギーの定義について整理する。最後に，分散型エネルギーを利用した発電ではさまざまな方式で電力系統に接続されるので，系統連系の形態について概説する。

1.1　エネルギーの種類と形態

エネルギー（energy）とは，物体または系が持っている仕事をなしうる能力や諸量の総称で，「仕事をする能力」または「物を動かすもの」と定義される。エネルギーの形態には，熱エネルギー，力学的エネルギー（運動・位置エネルギー），化学的エネルギー（燃焼・化学反応），電気エネルギーおよび光エネルギーなどさまざまなものがある。

石炭，石油，天然ガス，水力，地熱など自然界に存在し，直接採取される形のエネルギーを**一次エネルギー**（primary energy）と呼ぶ。また，電力，灯油，都市ガス，水素など一次エネルギーから作られ，われわれの生活で直接消費できる形のエネルギーを**二次エネルギー**（secondary energy）と呼ぶ。なお，石炭は一次エネルギーであるが直接使用することが可能である。

エネルギー資源はさまざまな種類があり，これらをまとめて**表1.1**に示す。また，以下に各種エネルギーの概要を説明する。

表1.1　エネルギー資源

エネルギーの種類	資源の例
化学的エネルギー	燃料電池の化学反応，化石燃料など
熱エネルギー	燃料の燃焼による高温ガス，蒸気，地熱，海洋熱など
核エネルギー	核融合，ウラン，プルトニウムなど
力学的エネルギー	風，河川水，波など
光エネルギー	太陽光

（1）**化学的エネルギー**（chemical energy）

物質が化学反応する時に発熱，または吸熱するエネルギーである。一般的には，化学反応に伴う発熱を利用し，化石燃料などを燃焼させて熱エネルギーに変換するが，燃料電池のように化学反応のみを利用して電力を得ることもできる。

（2）**熱エネルギー**（thermal energy）

燃焼熱で代表されるエネルギーであり，石炭や石油などの燃料を燃焼させて発生する高温度の熱（高温ガス）を利用する。すなわち，燃料が酸素と燃焼反応して発生する反応熱で，燃料の組成がわかれば化学反応式より発熱量を計算可能である。

自然界に存在するものとしては，地熱は地殻内部の深さ数十 km にできたマグマ溜まりの熱エネルギーである。また，海洋熱は太陽エネルギーが海水表面で吸収されてできる，海洋表層部の厚さ約 200 m，年平均温度 25℃の温水エネルギーである。

（3）**核エネルギー**（nuclear energy）

原子核の核分裂で発生するエネルギーである。原子は原子核とその周囲を回る電子から構成されており，原子核は電荷を持つ陽子と電荷を持たない中性子から構成される。ウランの原子核に中性子をぶつけると核分裂反応が起こり，このとき質量が減少し，その分が運動エネルギーに変換される。この運動エネルギーにより核燃料や減速材が加熱され，変換された熱エネルギーを発電に利用できる。水素などの軽い原子が融合してエネルギーを発生する反応である核融合もある。

（4） 力学的エネルギー（mechanical energy）

物体の運動エネルギーや位置エネルギーなどで表される（力学的な物理量のみで決まる）エネルギーである。もともとは太陽エネルギーに起因するものが多く以下のようなものが挙げられる。

雨：太陽エネルギーによる海水の蒸発に起因⇒水力発電に利用

風：上記により高気圧と低気圧を構成して風を発生⇒風力発電に利用

波：さらに風により海洋に波を発生⇒波力発電に利用

（5） 光エネルギー（light energy）

太陽から地球にふり注ぐエネルギーの代表例である。太陽からのふく射エネルギーはさまざまな波長の電磁波が含まれているが，光エネルギーはほぼ可視光領域の電磁波である。光エネルギーを物質（半導体など）に照射すると物質内の電子が励起する（自由電子になる）ので，電子の移動を生じさせ発電に利用できる。

1.2 エネルギーの変換と二酸化炭素排出量

1.2.1 エネルギーの変換方法

各種エネルギーを動力や電力として利用するためには，利用しやすい形態に変換するための仕組みが必要である。この変換装置もさまざまなものがあり，**図1.1**に電気エネルギーに変換するための装置を示す。また，以下にその概要を説明する。

（1） 化学的エネルギーの変換

水に電流を流すと，電気分解により水素と酸素を発生させることができる。逆に，水素と酸素を電極に送り込み，水をつくると同時に電気エネルギーを取り出すことができる。この原理を利用したものが燃料電池である。

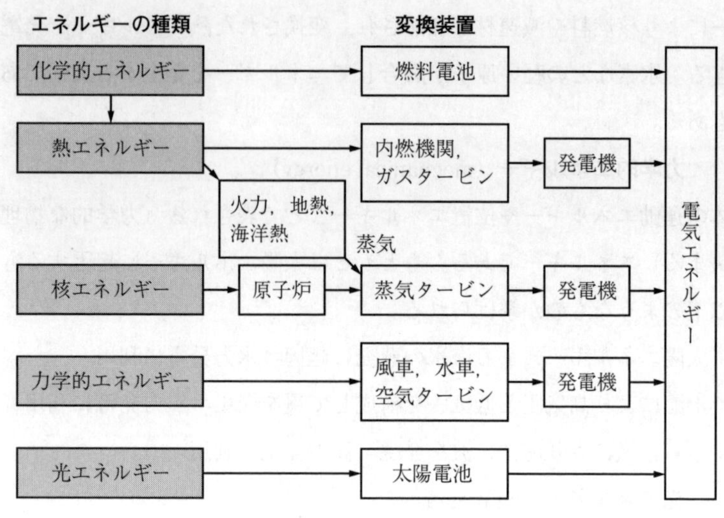

図 1.1　各種エネルギーの変換装置

（2）　熱エネルギーの変換

おもなものは以下の二つに大別される。

内燃機関：燃料を燃焼させ，高温・高圧の「燃焼ガス」を高温熱源，大気を低温熱源とし，動力を発生し発電する。

蒸気タービン：燃料の燃焼熱，地熱，海洋熱などのエネルギーを利用して高圧の「蒸気」をつくり，動力を発生し発電する。

（3）　核エネルギーの変換

原子炉内の核分裂反応で発生した運動エネルギーは，核燃料や減速材で熱エネルギーに代わる。その熱を利用して，高温・高圧の蒸気をつくり，蒸気タービンを回転させて発電する。

（4）　力学的エネルギーの変換

風力，水力，波力エネルギーなどは力学的エネルギーに属する運動エネルギーであるため，複雑な変換装置は不要である。風車や水車，空気タービンなど運動エネルギーを回転力に変える装置を介して発電機を駆動し発電する。

（5）　光エネルギーの変換

太陽電池では，光エネルギーを直接電力に変換することができる。半導体の

pn 接合部に光エネルギーを照射すると，電子が励起される。外部に負荷を接続すると電流が流れ，電気エネルギーが取り出せる。なお，集光して熱エネルギーに変換し，蒸気を発生させて発電する利用方法もある。

1.2.2　二酸化炭素排出量

石炭，石油，天然ガス（LNG）などを利用した発電では，燃焼あるいは化学反応のエネルギー変換過程で**二酸化炭素**（CO_2）を発生する。**図 1.2** は各種エネルギー変換と CO_2 排出量を表したものである。ここで言う排出量は，燃料の燃焼のみならず，設備の建設・運転・保守・廃止などで消費されるすべてのエネルギーを対象として計算したものである（ライフサイクル CO_2）。

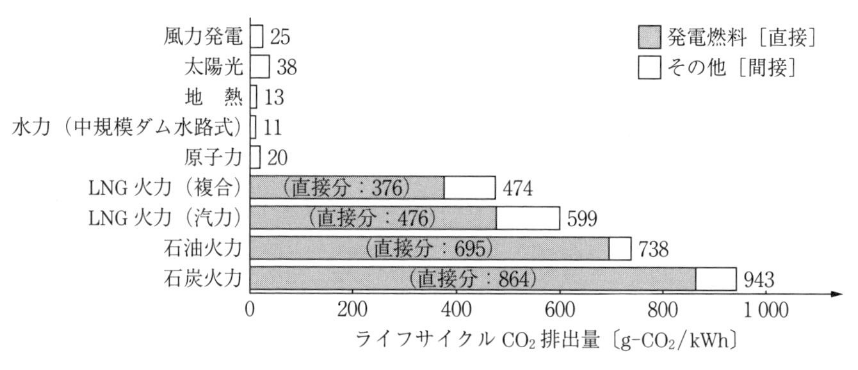

図 1.2　各種エネルギー変換と CO_2 排出量[1),†]
〔出典：電力中央研究所，研究報告 Y09027〕

図 1.2 より，石炭，石油，天然ガスなどの化石燃料を利用したエネルギー変換は多くの CO_2 を排出していることがわかる。これに対して風力や太陽光など自然エネルギーを利用した変換は CO_2 排出量がきわめて少ないことがわかる。

CO_2 は，温室効果ガスとも言われ，地球温暖化の原因とされている。地球上の CO_2 の量はほぼ一定で，化石燃料の燃焼などにより大気中へ排出された CO_2 は，森林の光合成などにより吸収され，そのバランスが保たれてきた。しかし，近年，経済活動の高度化やさまざまな地球環境の変化により大気中の CO_2

† 肩付き数字は，巻末の引用・参考文献番号を表す。

濃度が年々増加傾向を示している。

1.3 エネルギー動向と環境問題

人類は太古からエネルギーを利用してきているが，産業革命により蒸気機関を利用するようになって以降，製造や輸送，電力など広い分野でエネルギーが使われ，急速に一人当たりのエネルギー消費量が増えてきている。一方，世界の人口も，1650年ごろには5億人程度であったものが，1950年には約25億人，2000年には約61億人，2015年には約73億人と急激に増加している。さらに，今後も増加を続け，2050年には約96億人に達すると予想されている[2)]。以上のように，世界の人口増加に加え，一人当たりのエネルギー消費が増加した結果，**図1.3**に示すようにCO_2の排出量も急激に増加し，ほぼ同じ傾向で大気中のCO_2濃度も上昇している。

このような動向は，エネルギー問題と環境問題の二つの課題を有している。エネルギー問題とは，化石資源は有限であり，いずれ枯渇するということであ

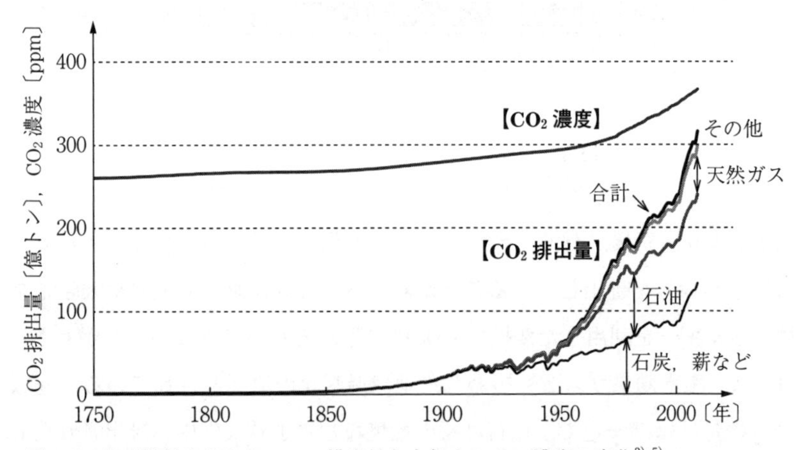

図1.3　化石燃料などからのCO_2排出量と大気中のCO_2濃度の変化[3)-5)]
〔出典：CDIAC，“Global Fossil-Fuel Carbon Emissions”，CDIAC，“Historical CO_2 Records from the Law Dome and Ice Cores”，WMO，“Greenhouse Gas Bullentin, No.11, 2015” を元に著者作成〕

る。2013年末のデータでは，世界のエネルギー資源確認埋蔵量（可採年数）は，現在のペースで生産を続けるものとすると，石油は53年分，天然ガスは55年分，石炭は113年分である[6)]。新しい油田が確認されたり，採掘技術の発達で増加したり，シェールガスのような新しい資源が見つかることもあるが，有限であることに変わりはなく，いずれ枯渇することは避けられない。

環境面でもさまざまな問題が発生している。1980年代ごろから，先進国を中心としてスモッグなどの大気汚染問題，酸性雨による森林や湖沼の被害が相ついで報告されている。また，1990年ごろから，フロンによる成層圏のオゾン層破壊による紫外線増加現象が環境問題として浮上し，フロン規制が開始された。同時に，温室効果ガスによる地球温暖化が指摘され始めた。最近では世界中で干ばつや大雨，洪水などの異常気象が多頻度化しているとの指摘がある。

一方，開発途上国における人口増加により

・主要エネルギーである薪炭使用

・外貨獲得のための木材輸出（伐採）

・焼畑農業の急速な拡大

などによる熱帯雨林の破壊が進行し，CO_2の吸収能力が低下していると指摘されている。また，森林破壊と食糧増産のための農地化，家畜増加による緑減少により土壌の浸食と流出，砂漠化が拡大しているなど地球規模で環境問題が発生している。

地球温暖化に関する実態としては，**図1.4**に示すように，世界の平均気温は過去100年当たり約0.69℃の割合で上昇していると報告されている。日本でも100年当たり1.14℃の割合で上昇していると報告されている。この傾向が続くと，21世紀末にはさらに世界の平均気温が1.8℃上昇すると予想される[7)]。

このような地球温暖化が進むと，海水面の上昇（氷河や南極・北極の氷が溶ける＋海水の膨張），異常気象（台風の増加・大形化，洪水，干ばつ），生態系への影響（農業，漁業，伝染病）が懸念される。地球温暖化を防止するために，世界中で低炭素エネルギーの研究開発が進められている。その代表が太陽

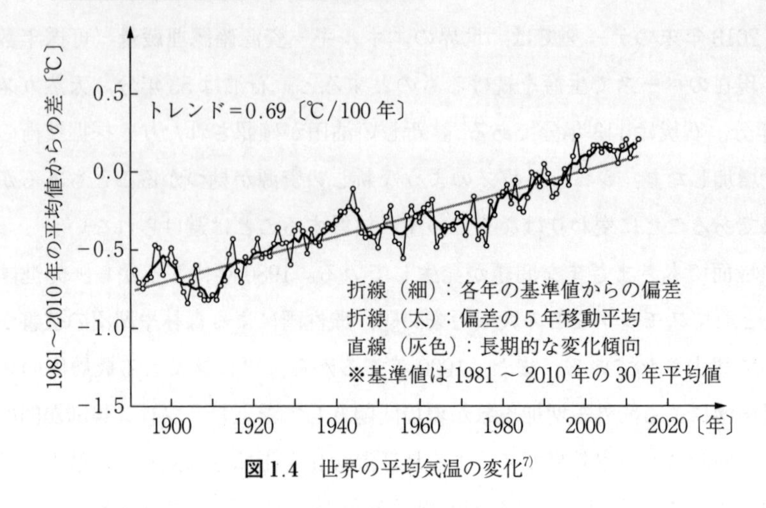

図 1.4　世界の平均気温の変化[7]

光や風力など自然エネルギーを活用するものである。並行して，火力発電の高効率化，二酸化炭素の回収貯留，省エネルギーも検討されている。

1.4　分散型エネルギーの定義

分散型エネルギーという用語は，規格などで明確に定められたものではない。本書では分散型エネルギーシステムを「太陽光や風力などの変動電源と，安定供給できる電源を組み合わせ，これらを制御して特定地域内で安定した電力を供給するシステム」と定義する。ここで，安定供給できる電源とは，例えば燃料電池や小形水力発電などである。同じような概念で，「複数の分散型電源，電力貯蔵を組み合わせ，電力の地域自給を可能とする小規模電力供給網」のことを**マイクログリッド**と呼ぶ。

分散型エネルギーシステムを，その特徴から捉えるとほかの定義もできる。すなわち

① 小容量である。

② オンサイト性（電力を使う場所で発電する）を有する。

③ 再生可能エネルギーである。

のいずれかの特徴を有するシステムを分散型エネルギーシステムと呼ぶこともある。具体的な発電システム・電力貯蔵システムは**図 1.5** に示すようにマッピングされる。

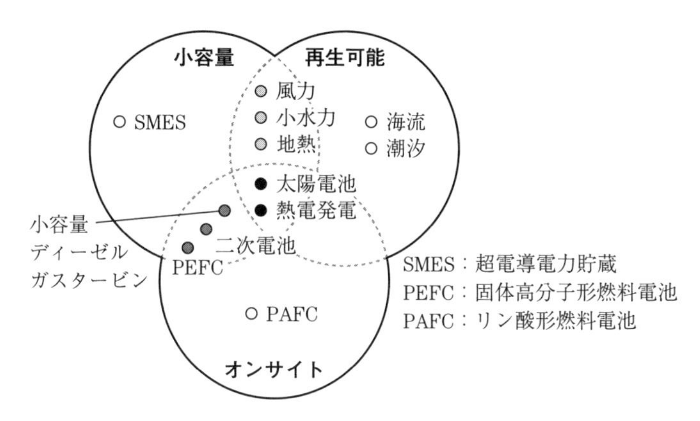

図 1.5 分散型エネルギーシステムの特徴

また，**新エネルギー**という用語がよく使われる。この用語は，新エネルギー利用等の促進に関する特別措置法（略称新エネ法）で「実用段階に達しつつあるが，経済性の面での制約から普及が十分でないもので，石油代替エネルギーの導入を図るために特に必要なもの」と定義され，**図 1.6** に示す 10 種類が指

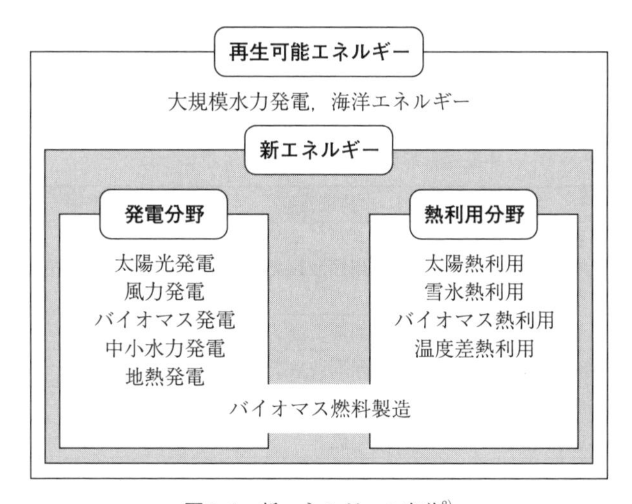

図 1.6 新エネルギーの定義[8)]

定されている。新エネルギーの多くは国産エネルギーであり，資源の乏しい日本にとってその技術開発の推進には大きな価値があると言える。

なお，新エネルギーには含まれないが，革新的なエネルギー高度利用技術として同時に指定されているものに，ヒートポンプ，天然ガスコージェネレーション，燃料電池，クリーンエネルギー自動車がある。これらもCO_2の排出量を抑制する手段として期待されている。

1.5　発電および系統連系の形態

分散型エネルギーによる発電は，その形態や特性が多様であるため，発電するための変換装置，**系統連系**の形態もさまざまなものがある。**表 1.2** に再生可

表 1.2　再生可能エネルギーによる電源の種類と系統連系形態

種　類	発電形態	系統連系形態
太陽光発電	直流	インバータ
風力発電	商用周波数交流	交流発電機（誘導機）
	可変周波数交流	インバータ
	可変周波数交流	2 重給電誘導発電機
小水力発電	商用周波数交流	交流発電機（同期機，誘導機）
地熱発電	商用周波数交流	交流発電機（同期機）
廃棄物発電	商用周波数交流	交流発電機（同期機）

表 1.3　化石燃料による電源および電力貯蔵装置の種類と系統連系形態

種　類	発電形態	系統連系形態
ディーゼルエンジン ガスエンジン ガスタービン	商用周波数交流	交流発電機（同期機）
マイクロガスタービン	高周波交流	インバータ
小容量ガスエンジン	商用周波数交流	インバータ
燃料電池	直　流	インバータ
電池電力貯蔵	直　流	インバータ

能エネルギーによる電源の種類と系統連系形態を，**表 1.3** に化石燃料による電源および電力貯蔵装置の種類と系統連系形態を示す。また，**図 1.7** に系統連系のシステム構成の概要を示す。

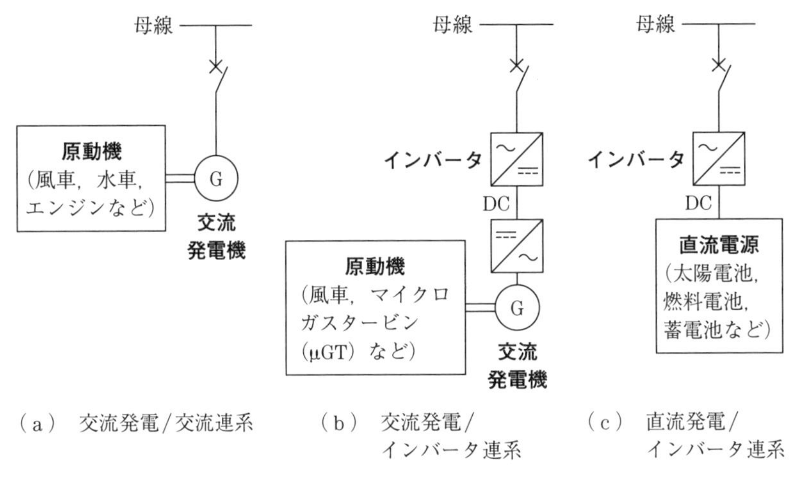

図 1.7　系統連系のシステム構成

1.5.1　同　期　発　電　機

同期発電機（synchronous generator）は，**図 1.8** に示すように電力系統側に接続される固定子巻線と，励磁回路に電流を流して電磁石となる（または永久磁石を使用する）回転子から構成され，回転子の回転速度は固定子巻線により発生する回転磁界と同期している（以下，同期機とする）。

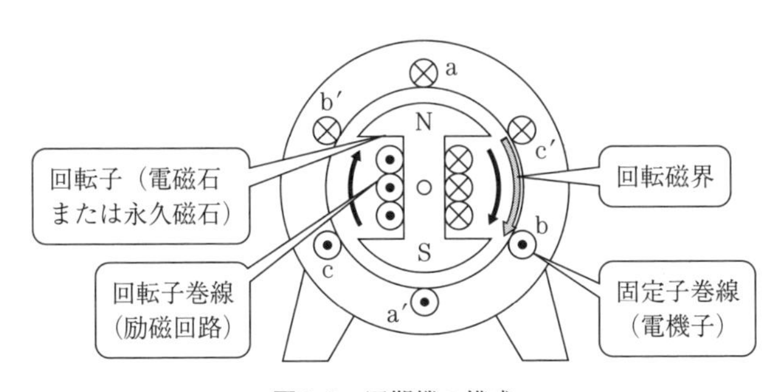

図 1.8　同期機の構成

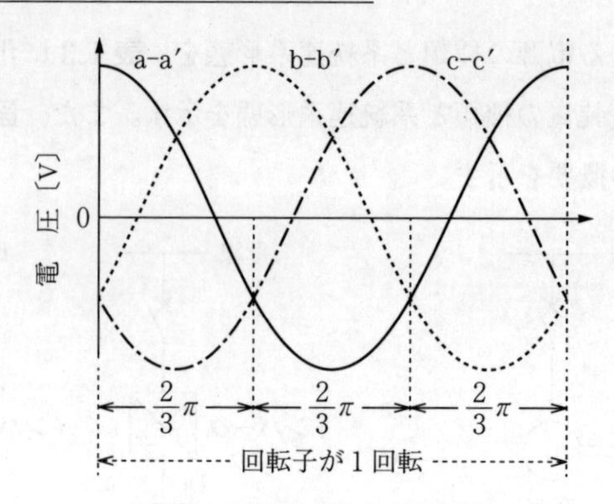

図 1.9　同期機の内部誘起電圧

回転子を回転させることによって固定子巻線には**図 1.9** に示すように三相交流の誘起電圧が発生する。この内部誘起電圧を $\dot{E}$，同期機の端子電圧を $\dot{V}$，同期リアクタンスを Xs として等価回路で示すと**図 1.10** となる。この等価回路において，出力特性およびトルク特性は次式で示される。

出　力　　$P=\dfrac{E\times V}{Xs}\times\sin\delta$　　(1.1)

トルク　　$T=\dfrac{P}{\omega_s}$　　(1.2)

ただし，δ は $\dot{E}$ と $\dot{V}$ の位相差，ω_s は回転子の角速度である。すなわち，同期機の出力は $\sin\delta$ に比例する特性を有している（**図 1.11**）。

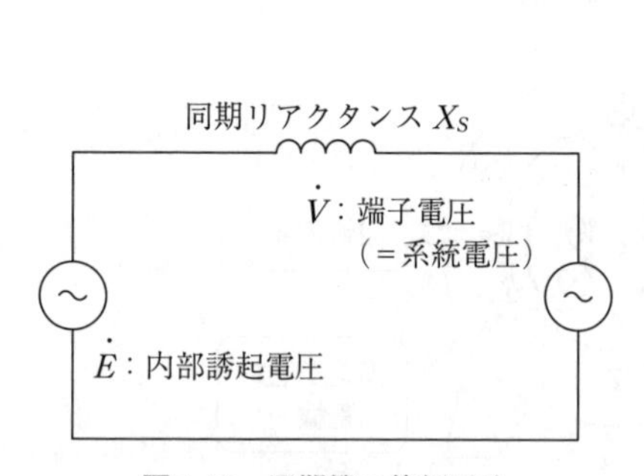

図 1.10　同期機の等価回路

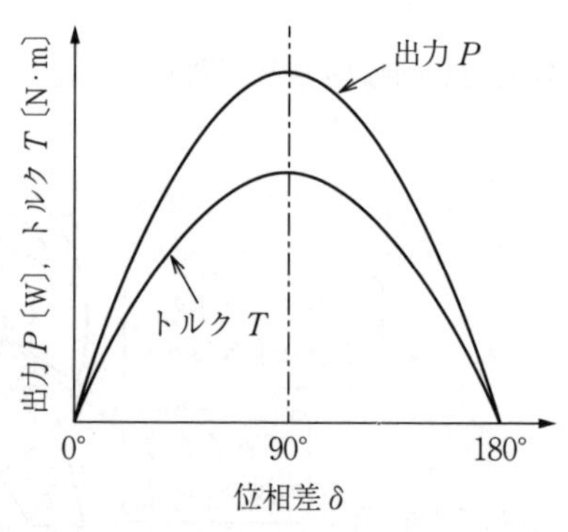

図 1.11　同期機の出力，トルク特性曲線

1.5.2　誘導発電機

誘導発電機（induction generator または asynchronous generator）として広く使われているかご形誘導機の構造を**図 1.12** に示す。

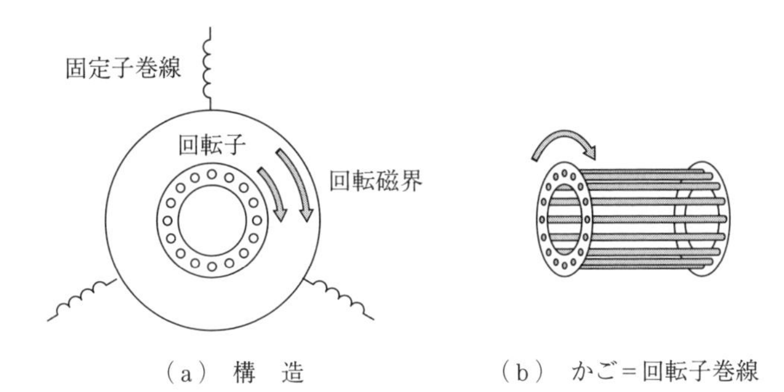

図 1.12　かご形誘導機の構造

回転子のうち，鉄心を取り除いた導体部分は図（b）に示すような形状をしている。誘導機では，固定子巻線に三相交流電流を流すことによって**図 1.13** に示すように回転磁界ができるが，回転子の回転速度は回転磁界の速度とは異なる。そこで，フレミングの右手の法則によって回転子の導体に誘導電流が流れ，トルクが発生する。このトルクは，回転子の回転速度が回転磁界より遅い場合は回転子が回転磁界から回転トルクを受ける方向（電動機），回転子の回転速度が速い場合は，回転磁界がブレーキになり回転子がエネルギーを供給する方向（発電機）である。

誘導機の特性を表す等価回路は**図 1.14** に示される。ここで，r_1：1 次（固定子）巻線抵抗，X_1：1 次巻線リアクタンス，r'_2：2 次（回転子）巻線抵抗を 1 次換算したもの，X'_2：2 次巻線リアクタンスを 1 次換算したもの，X_m：相互リアクタンスである。この等価回路において，機械入出力 P'_2 は図の可変抵抗相当 $(1-s)/s\times r'_2$ で消費する電力であり

$$P'_2=I'^2_1\times\frac{(1-s)}{s}\times r'_2 \tag{1.3}$$

となる。ただし，s はすべりであり，同期速度 N_s と回転子速度 N を用いて

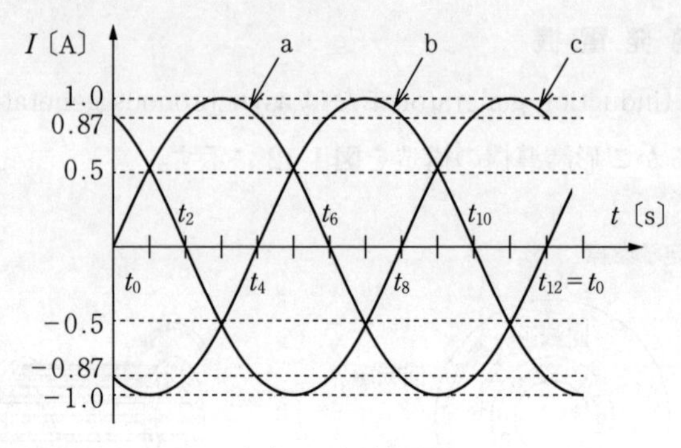

（a） 三相交流電流

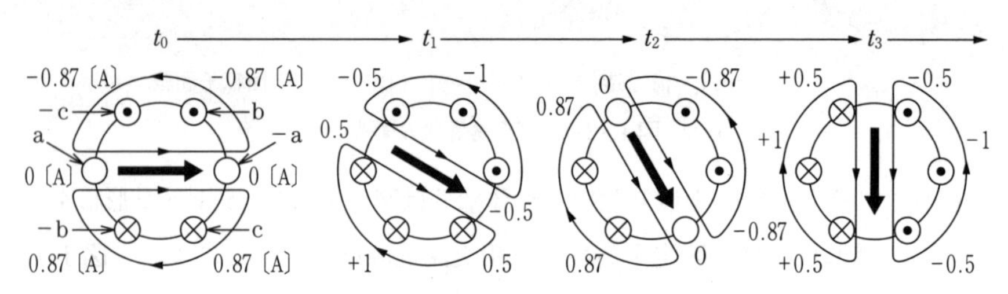

（b） 固定子巻線電流と回転磁界

図 1.13 回転磁界のでき方

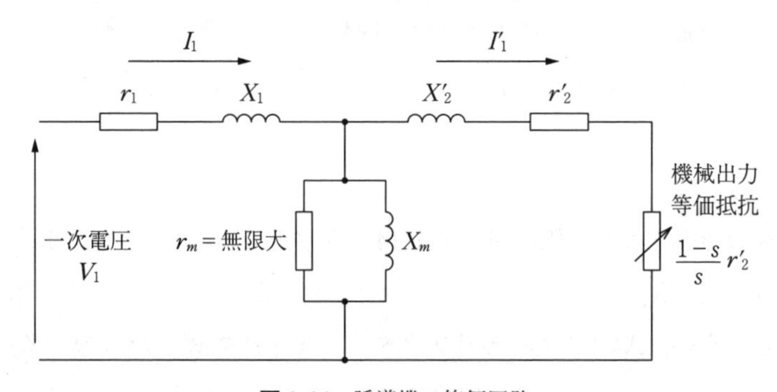

図 1.14 誘導機の等価回路

$$s = \frac{(N_s - N)}{N_s} \times 100 \quad 〔\%〕 \tag{1.4}$$

で定義される。

図 1.14 の等価回路より X_m に流れる電流を無視し，二次入出力 P_2 と，機械

入出力 P'_2，トルク T を求めると以下となる。

$$P_2 = 3 \times I'^2_1 \times \frac{r'_2}{s} = 3 \times \frac{V_1^2}{\left(r_1 + \frac{r'_2}{s}\right)^2 + \left(X_1 + X'_2\right)^2} \times \frac{r'_2}{s}$$

$$P'_2 = (1 - s)P_2 \tag{1.5}$$

$$T = \frac{P'_2}{\omega_N} \tag{1.6}$$

この特性を図に示すと**図 1.15** となる。すべりが正の領域が電動機運転，負の領域が発電機運転である。通常はすべりが数％程度で運転する。

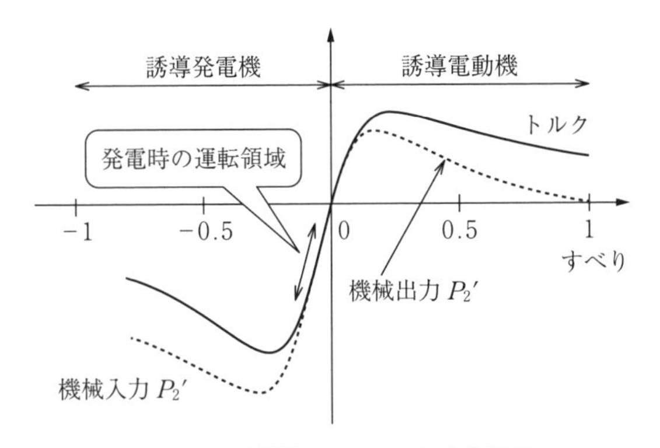

図 1.15　誘導機のトルク・入出力特性

1.5.3　2 重給電誘導発電機

2 重給電誘導発電機（doubly-fed asynchronous generator）は，**図 1.16** に示す巻線形誘導機を利用し，回転子巻線には外部のインバータからスリップリングを経由して低い周波数で励磁する。このとき，電力系統の交流電流による回転磁界の回転角速度を ω_s，回転子の回転角速度を ω_r，回転子巻線に印加する励磁の角速度を ω_2 とすると

$$\omega_s = \omega_r + \omega_2 \tag{1.7}$$

の関係が成り立つ。すなわち，励磁の角速度（周波数）ω_2 を調整することによって，回転子の回転速度 ω_r を変更することが可能となる。

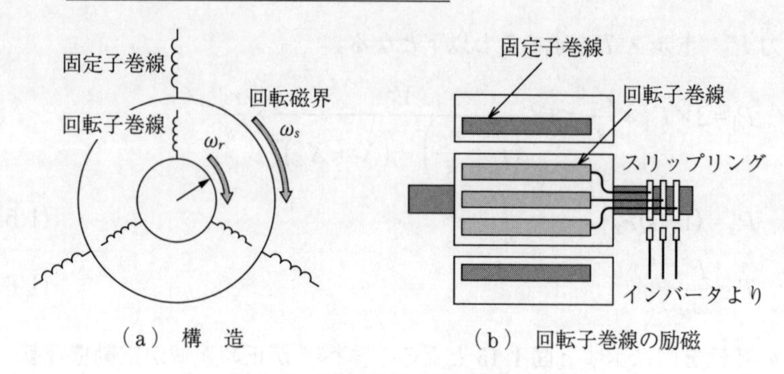

（a） 構　造　　　　（b） 回転子巻線の励磁

図 1.16　2 重給電誘導発電機の構造

1.5.4 イ ン バ ー タ

広く使われている三相 2 レベル**インバータ**の構成例を**図 1.17** に示す。直流電圧の変動が大きい場合や，直流電圧の昇降圧が必要な場合には，直流電源とインバータ間にさらにチョッパや DC-DC コンバータが接続される。インバータは一般的には **PWM**（pulse width modulation）という制御方法で IGBT などのスイッチング素子を高速にオン-オフさせることで，任意の大きさ，位相の交流電圧を発生させることができる。その例を**図 1.18** に示す。

インバータが発生させる電圧のフェーザを $\dot{V}_{INV}$，連系リアクトル X を介して接続した系統側の電圧を $\dot{V}_{ac}$ とすると，インバータが出力する有効電力 P，無効電力 Q は次のようになる。

$$\dot{V}_L = \dot{V}_{INV} - \dot{V}_{ac}$$

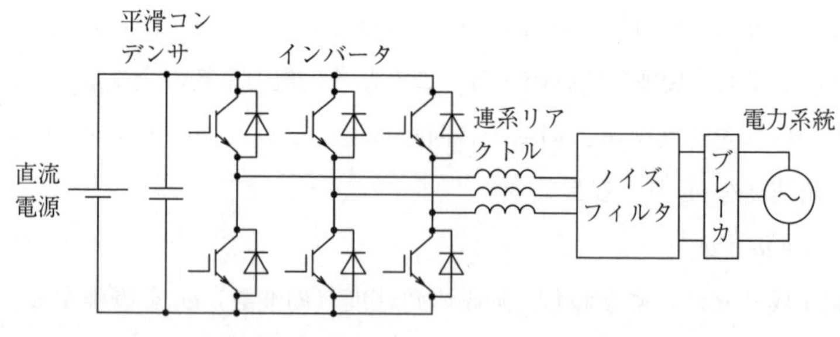

図 1.17　三相 2 レベルインバータの構成例

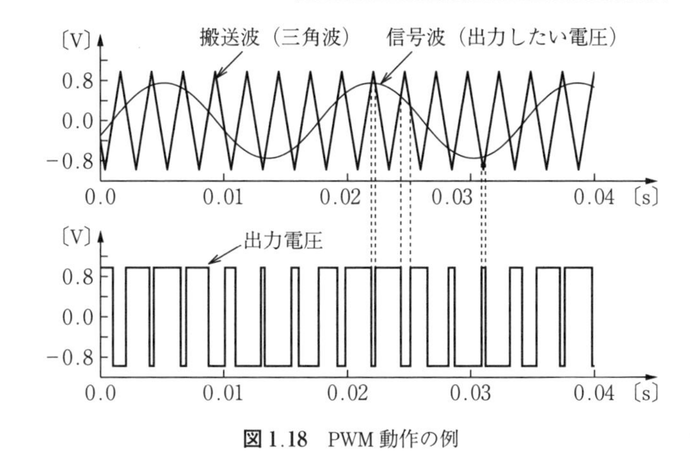

図 1.18 PWM 動作の例

$$\dot{I}_{ac}=\frac{\dot{V}_L}{jX} \qquad (\dot{V}_L \text{ の } 90^\circ \text{ 遅れ})$$

$$P=\frac{3\,V_{INV}\,V_{ac}}{X}\times\sin\theta \tag{1.8}$$

$$Q=\frac{3\,V_{ac}\left(V_{INV}\cos\theta-V_{ac}\right)}{X} \tag{1.9}$$

ここで，θ は $\dot{V}_{INV}$ と $\dot{V}_{ac}$ の位相差である（**図 1.19**）。すなわち，近似的には位相差を調整することによってインバータの有効電力を制御し，電圧差を調整

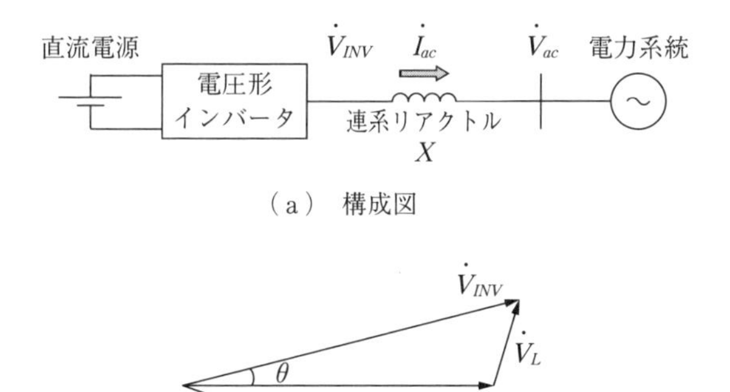

図 1.19 連系インバータの動作

することによって無効電力を制御することができる。

1.5.5 DC リンク方式

DC リンクの構成例を**図 1.20** に示す。発電機側で発電した交流をコンバータで直流へ整流し，インバータで再度交流へ変換する。このような構成とすることで，インバータではつねに交流系統に同期して運転することができる一方，発電機側の周波数は自由に設定することができる。したがって，可変速運転する場合や，高い周波数を発生する場合などに適した方法である。また，インバータを通過する出力電力を制御できるのも特徴である。なお，電源側が同期機など自身で交流電圧を確立できる場合は，コンバータの部分は簡略化してダイオード整流器やサイリスタ整流器とすることも可能である。

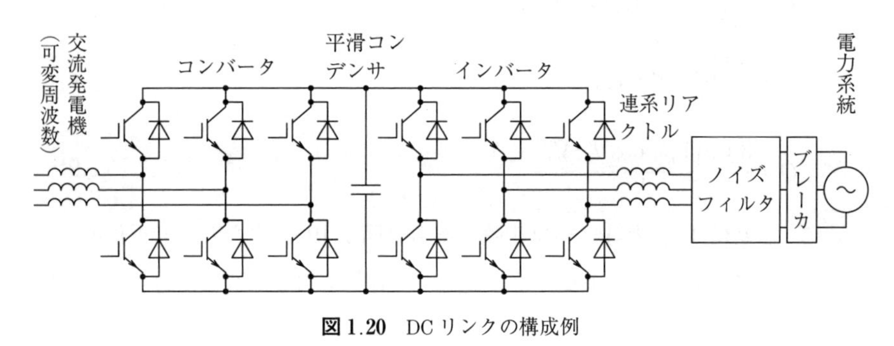

図 1.20　DC リンクの構成例

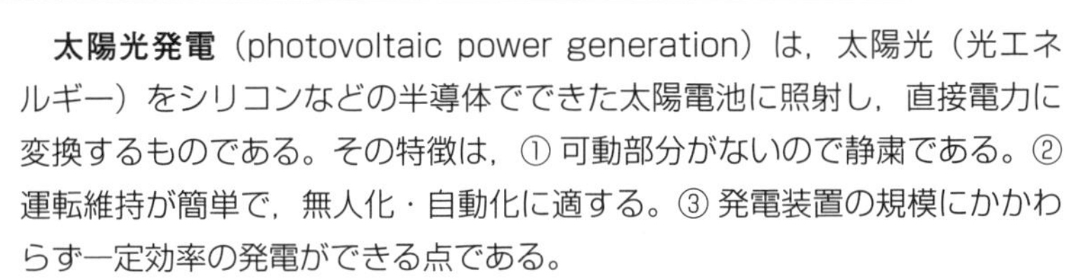

第2章 太陽光発電

太陽光発電（photovoltaic power generation）は，太陽光（光エネルギー）をシリコンなどの半導体でできた太陽電池に照射し，直接電力に変換するものである。その特徴は，① 可動部分がないので静粛である。② 運転維持が簡単で，無人化・自動化に適する。③ 発電装置の規模にかかわらず一定効率の発電ができる点である。

本章では，最初に太陽エネルギーについて説明し，続いて太陽光発電の原理や太陽電池の種類，太陽電池の特性と変換効率，太陽光発電システム，適用状況について説明する。

2.1 太陽エネルギー

2.1.1 太陽光エネルギーの性質

太陽光発電のエネルギー源である太陽は，地球から平均1億4 950万 kmの距離にあり，その半径は約69.6万 km（地球の約115倍）である。太陽表面の温度は5 780 Kと推定されている。地球に到達する太陽光のスペクトルを分析すると，**図2.1**に示すように大気圏外ではほぼ黒体（ふく射率1の仮想物体）と見なしたときのスペクトルに一致するが，地表においては大気による散乱や水（H_2O）や二酸化炭素（CO_2）などの吸収により減少する。地表に到達するエネルギーの99％は，0.17～4 μmの波長範囲（可視光は0.35～0.75 μmの範囲）である。

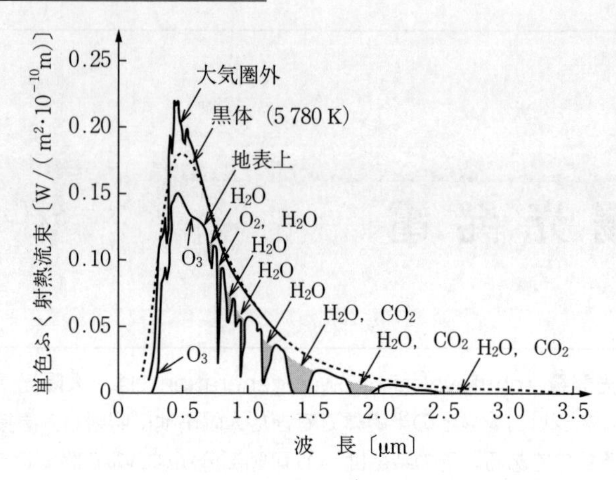

図 2.1　太陽光スペクトル[1)]
〔出典：平田ほか「図解エネルギー工学」，p.147，森北出版（2011）〕

2.1.2　太陽から地球へのふく射エネルギー

太陽表面からのふく射エネルギーは，ステファン・ボルツマンの法則から求めることができ，単位面積当たりのふく射エネルギーを q_s〔W/m^2〕とすると

$$q_s=\sigma T^4 \tag{2.1}$$

となる。ここで，T〔K〕は温度，σ はステファン・ボルツマン定数で，5.67 $\times 10^{-8}$ W/(m^2・K^4) である。式 (2.1) に T = 5 780 K を代入すると，q_s = 6.33 $\times 10^7$ W/m^2 が得られる。さらに太陽表面積を乗じると，太陽表面全体からは 3.85×10^{26} W という膨大なエネルギーが放出されていることになる。

つぎに，地上で受ける太陽からのふく射エネルギーを検討する。太陽の半径は $r_s=6.96\times10^8$ m，太陽と地球の距離は $r_e=1.495\times10^{11}$ m であるから，**図 2.2**

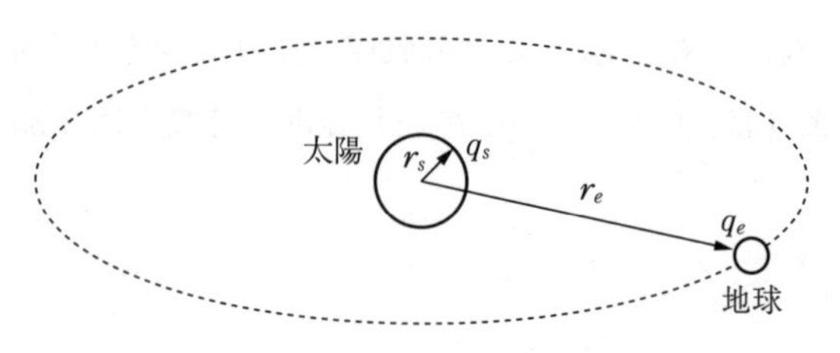

図 2.2　地球と太陽の関係

を参照すると，地球の公転軌道上でのふく射エネルギーはつぎのように求めることができる。半径 r_s と r_e の球体を考えたとき，各球体面上における総熱量は等しいことより，$q_s \times 4\pi r_s^2 = q_e \times 4\pi r_e^2$ と表せる。これより，地球が大気圏外で太陽から受けるエネルギーはつぎのように求められる。

$$q_e = \left(\frac{r_s}{r_e}\right)^2 q_s = \left(\frac{6.96\times10^8}{1.495\times10^{11}}\right)^2 \times 6.33\times10^7 = 1\,372 \ \mathrm{W/m^2}$$

実際に地表で得られるエネルギーは，大気による反射や吸収を受けるため減少し，約 1 000 W/m^2 となる。地表に到達したエネルギーは大気や地表，海洋を暖める。なお，地球全体では 1.74×10^{17} W のエネルギーを受けている。

例題 2.1 山手線の内側の面積はおよそ 63 km^2 である。このエリア全体に，1 000 W/m^2 の太陽エネルギーが降り注いだときに，太陽から受けるエネルギーはいくらになるか。また，年間を通じて受ける日射の平均の強さが，600 W/m^2 であり，年間の日照時間が 2 000 時間とすると，1 年間で受けるエネルギーの総量はいくらになるか。

解 答

太陽から受けるエネルギーは以下となる。

$1\,000 \ \mathrm{W/m^2} \times 63\times10^6 \ \mathrm{m^2} = 63\times10^9 \ \mathrm{W}$ (63 GW)

また，1 年間で受ける総量は以下となる。

$600 \ \mathrm{W/m^2} \times 63\times10^6 \ \mathrm{m^2} \times 2\,000 \ \mathrm{h} = 7.6\times10^{13} \ \mathrm{Wh}$ (760 億 kWh)

この値は，東京電力が 1 年間に供給する電力量（約 2 700 億 kWh，2013 年）の 3 割弱である。

2.2 光起電力の原理

太陽光発電の原理とも言える光起電力について説明する。

2.2.1 シリコン半導体の特性

シリコン（ケイ素，Si）は 4 価（最外殻電子数が 4）の半導体であり，**図**

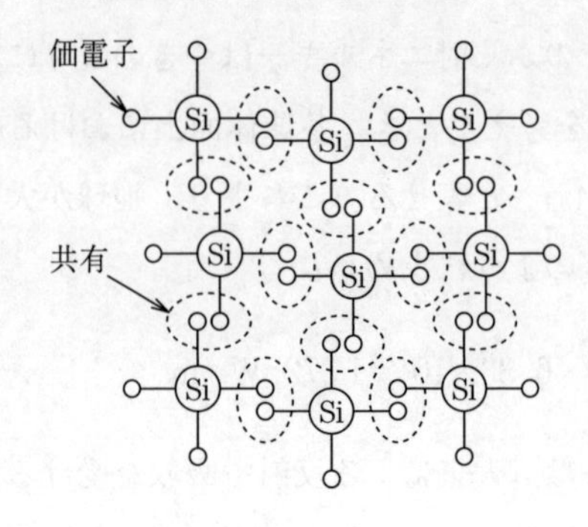

図 2.3　シリコンの電子配列

2.3 に示す電子配列を構成している。すなわち，シリコン単結晶では最外殻電子を共有して結合しており，電子はそれぞれの原子核に束縛されているため自由に動くことはできない。この状態をエネルギーバンドで見ると，結合に使われる電子は**価電子帯**に存在している。

しかし，熱や光などで最外殻電子に一定以上のエネルギーを与えると，電子が励起され，軌道から飛び出し**伝導体**へ移行する。この電子は，原子の格子の間を自由に動けるので，**自由電子**と言う（**図 2.4**）。この状態を励起状態と言い，自由電子は外部へ電気エネルギーとして取り出せる。価電子帯と伝導帯の間を**禁制帯**と言い，電子はこのエネルギー状態になることはできない。禁制帯のエネルギー差 E_b を**バンドギャップ**と言い，シリコンでは約 1.1eV である。自由電子が抜けた原子のことを**正孔**と呼び，正に帯電する。シリコン単結晶では，自由電子の数と，電子の抜けた正孔の数は同数である。4 価の原子のみの半導体を真性半導体と言う。

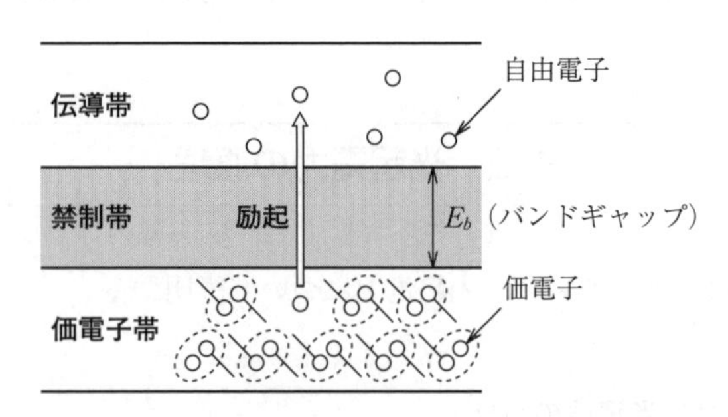

図 2.4　シリコン半導体のエネルギーバンド

シリコン単結晶に5価のヒ素（As）やリン（P）などの不純物を加えると，最外殻電子が五つとなり，シリコン共有結合中で電子が一つ余る（**図2.5**）。この電子は共有結合に使われている電子よりも少ないエネルギー（0.05 eV程度）で自由電子になる。自由電子は負（negative）の電荷を持つため，このような半導体を**n型半導体**と言う。

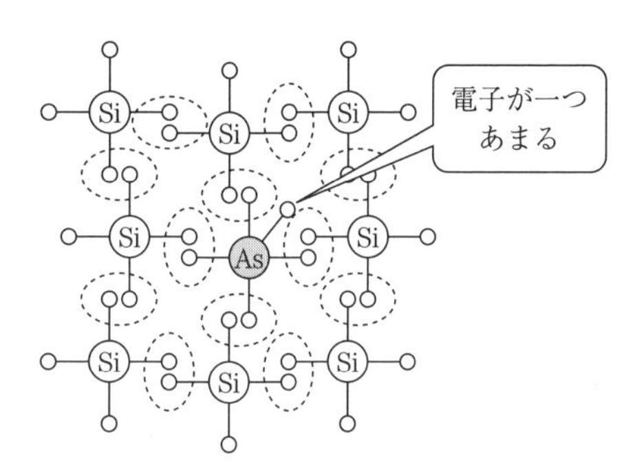

図2.5　5価の不純物を混ぜたシリコン半導体（n型半導体）

一方，シリコン単結晶に3価のホウ素（B）やインジウム（In）などの不純物を加えると，最外殻電子が三つとなり，電子が一つ足りず正孔ができる。（**図2.6**）正孔は正（positive）の電荷を持つため，このような半導体を**p型半導体**と言う。

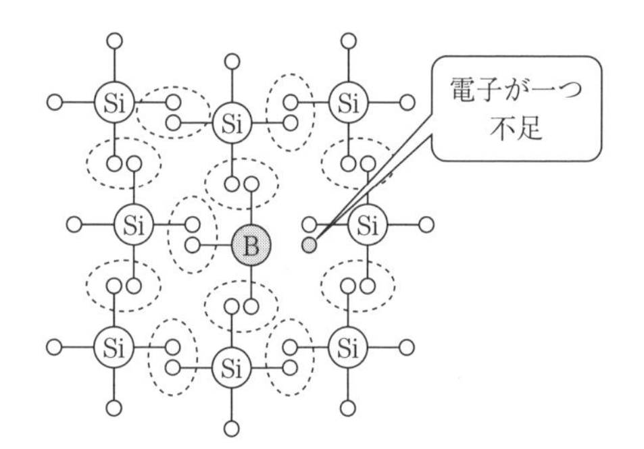

図2.6　3価の不純物を混ぜたシリコン半導体（p型半導体）

2.2.2　シリコン半導体による発電

シリコン系太陽電池では，n型半導体とp型半導体を接合（pn接合）した材料を用いる。半導体の接合面では

p 型半導体中の正孔⇒n 型半導体の電子に引かれて移動

n 型半導体中の電子⇒p 型半導体の正孔に引かれて移動

することより，いずれも接合面方向に移動し，打ち消しあう（一定の時間後に平衡状態となる）。この状態では，p 型半導体は負に帯電し，n 型半導体は正に帯電する。その結果，n 型半導体から p 型半導体方向に電界が発生し，これを拡散電位と呼ぶ。また，電界によって電子の存在しない空乏層ができる（**図 2.7**）。

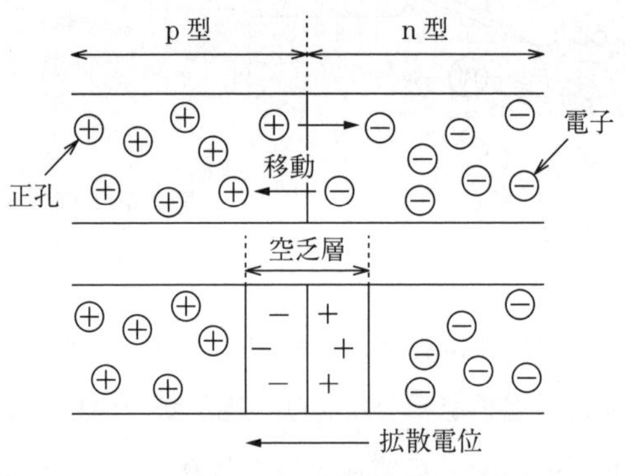

図 2.7　pn 接合の半導体

空乏層領域に光を照射すると，バンドギャップより大きいエネルギーが吸収され，電子が励起されて伝導帯へ上がる。さらに，拡散電位により n 型領域へ移動する。また，同時に発生する正孔は p 型領域へ拡散する（**図 2.8**）。こ

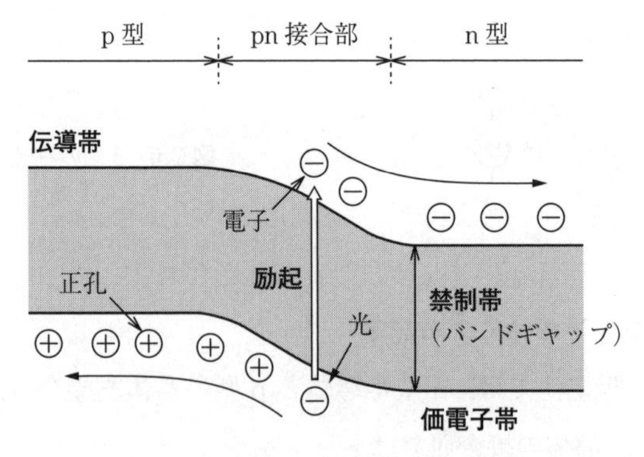

図 2.8　pn 接合半導体の発電原理

こで，外部回路をつなぐと，電子はn型半導体から外部回路を通ってp型半導体へ移動する。電流は電子の移動と反対方向に流れ，電力が発生する。

半導体中の電子が励起されるのは，バンドギャップを超えるエネルギーの光が当たったときであるが，光のエネルギー E〔J〕は，波長 λ〔m〕と次式の関係で示される。

$$E = h\frac{c}{\lambda} \tag{2.2}$$

ここで，h はプランク定数（$=6.626\times10^{-34}$ J·s），c は光の速度（$=2.998\times10^{8}$ m/s）である。半導体のバンドギャップ E_b〔eV〕は材料によって決まる。**表2.1**に示すようにシリコンのバンドギャップは $E_b=1.12$ eV である。1 eV$=1.602\times10^{-19}$ J より，シリコン半導体の場合は $\lambda=1.107\times10^{-6}$ m（1.107 μm）より短い波長の光であれば，バンドギャップを超えるエネルギーが得られる。

表2.1　各種半導体とエネルギーバンド

半導体材料	バンドギャップ E_b〔eV〕	光の波長 λ〔μm〕	実際の色
窒化ガリウム（GaN）	3.40	0.365	可視光線（紫）～紫外線
リン化ガリウム（GaP）	2.25	0.551	可視光線（緑）
ヒ化アルミニウム（AlAs）	2.15	0.574	可視光線（黄）
テルル化カドミウム（CdTe）	1.49	0.832	赤外線
ヒ化ガリウム（GaAs）	1.43	0.867	赤外線
リン化インジウム（InP）	1.35	0.918	赤外線
シリコン（Si）	1.12	1.107	赤外線
ヒ化インジウム（InAs）	0.36	3.444	赤外線

2.3　太陽電池の種類

太陽電池を材料から分類すると，シリコン系，化合物系および有機系に大別できる（**図2.9**）。

（1）　シリコン系太陽電池

シリコン系は実用化されている太陽電池の大部分を占める。シリコンは資源

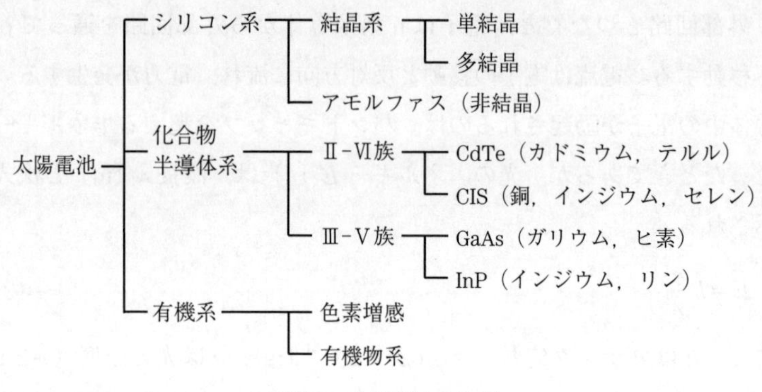

図 2.9　太陽電池の分類

量が多く，価格，安全性からも量産に適する材料である。製造方法によってさらに，単結晶シリコン，多結晶シリコン，アモルファスシリコンに分類される。それぞれの特徴を**表 2.2** に示す。

表 2.2　シリコン系の特徴

単結晶シリコン
・溶解したシリコンから単結晶を引き上げ，直径 10 ～ 20 cm の円柱を薄板状に切り出し製造する。したがって，厚く硬い。 ・特性が安定し，変換効率が高い（市販のモジュールで 15 ～ 20%）。
多結晶シリコン
・溶解したシリコンを鋳型に流し込んで固化させ製造する。 ・特性が安定しているが，単結晶より変換効率は低い（市販のモジュールで 15 ～ 16.5%）。 ・量産が容易で安価に製造可能である。
アモルファスシリコン
・基板上にシリコンを蒸着させて製造する。 ・結晶シリコンより変換効率は低い（市販のモジュールで 10%以下）。量産化，大面積化が可能で低コスト化が期待できる。 ・薄くできるため，曲面形状など自由度が得られる。

注）モジュールについては 2.5 節参照。

（2）　化合物半導体系太陽電池

シリコン系に比べ光吸収係数が大きいため，薄膜セルとして使用でき，低コスト化，軽量化が期待できる。化合物として組み合わせる材料によって，2 種類に大別できる。

・周期律表のⅢ族の元素（Ga，In など）とⅤ族の元素（P，As など）の組合せである GaAs や InP などがある。

※GaAs は宇宙用太陽電池として実用化されている（ただし高価である）。

・周期律表のⅡ族の元素（Zn，Cd など）とⅥ族の元素（S，Se，Te など）の組合せである CdS や CdTe などがある。

※ CdS／CdTe 系太陽電池は電卓用や屋外用途で実用化されている（CdS を n 型半導体の材料に，CdTe を p 型半導体の材料に使用）。

（3）　**有機系太陽電池**

色素増感型太陽電池は，バンドギャップの大きい半導体の表面に色素を吸着させ，色素に可視光を吸収させて発電する方法である。将来，量産化により低コストに製造できるものとして期待されている。また，有機物の中で導電性を有し半導体の性質を持つものがあり，有機物系太陽電池はこれを利用している。溶液の塗布や印刷によって大面積の薄膜が製造可能と期待される。

2.4　太陽電池の特性と変換効率

2.4.1　太陽電池の変換効率

太陽電池の変換効率 η は，次式で示される。

$$\eta = \frac{\text{太陽電池からの電気出力}}{\text{入力太陽光のエネルギー}} = \frac{E_e}{1\,000} \tag{2.3}$$

ここで，太陽電池からの電気出力は，太陽電池の端子から得られる単位面積当たりの電気出力エネルギー E_e（$=IV/A$）〔W/m^2〕で定義される。なお，A〔m^2〕は受光面積である。一方，地上における入力太陽光のエネルギーは 1 000 W/m^2 とする。これは，太陽ふく射エネルギーの空気通過条件エアマス（AM）-1.5 の条件であり，晴天時日中での日本付近での直射日光が相当する。

2.4.2　太陽電池の特性

太陽電池の等価回路において，抵抗成分を無視すると，光照射時の電流（密度）I〔A/m^2〕と電圧 V〔V〕の関係は式 (2.4) で示される。

$$I = I_s - I_0\left[\exp\left(\frac{qV}{nkT}\right) - 1\right] \tag{2.4}$$

ここで，I_s は**短絡電流**〔A/m^2〕，I_0 は飽和電流〔A/m^2〕，q は素電荷（$=1.602\times10^{-19}$ C），n は理想ダイオード因子，k はボルツマン定数（$=1.38\times10^{-23}$ J/K），T は温度（300 K）である。$n=1$ としたものが pn 接合の理想 I-V 特性（以下 $n=1$ とする）となる。

$$I = I_s - I_0\left[\exp\left(\frac{qV}{kT}\right) - 1\right] \tag{2.5}$$

短絡電流 I_s と飽和電流 I_0 は使用材料により異なり，代表的な材料の特性を**表 2.3** に示す。また，式 (2.5) において，$I=0$ とおくと**開放起電力** V_0 が得られる。

$$V_0 = \frac{kT}{q}\ln\left(1 + \frac{I_s}{I_0}\right) \tag{2.6}$$

表 2.3　太陽電池の特性と理論変換効率[2)]

半導体材料	短絡電流 I_s〔A/m^2〕	飽和電流 I_0〔A/m^2〕	開放起電力 V_0〔V〕	曲線因子 F	理論変換効率 η_{max}〔%〕
単結晶シリコン	453	7.80×10^{-10}	0.700	0.846	26.8
多結晶シリコン	381	3.89×10^{-9}	0.654	0.795	19.8
アモルファスシリコン	194	2.41×10^{-13}	0.887	0.741	12.7
ヒ化ガリウム（GaAs）	282	1.88×10^{-15}	1.022	0.871	25.1
テルル化カドミウム（CdTe）	261	2.00×10^{-12}	0.840	0.731	16.0

例題 2.2　短絡電流が 453 A/m^2，飽和電流が 7.80×10^{-10} A/m^2 であるとき，開放起電力はいくらになるか求めなさい。

解 答

式 (2.6) において

$$V_0 = \frac{1.38\times10^{-23}\times300}{1.602\times10^{-19}}\times\ln\left(1+\frac{453}{7.80\times10^{-10}}\right)$$
$$=0.700\ \mathrm{V}$$

となる。

式 (2.5) を用いて単結晶シリコンの電流-電圧特性を計算すると，**図 2.10** が得られる。

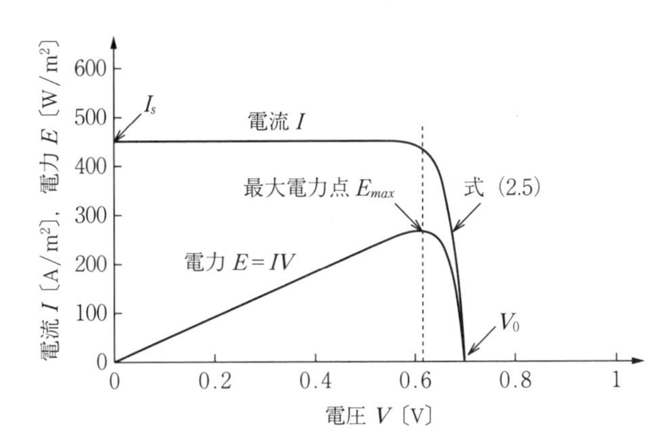

図 2.10　単結晶シリコンの電流-電圧特性

また，単位面積当たりの出力電力の最大値 $E_{max}=268\ \mathrm{W/m^2}$ となる。短絡電流と開放起電力の積で得られる電力に対する最大出力の比を，**曲線因子**（fill factor）F と言い，次式で定義される。

$$F=\frac{E_{max}}{I_s V_0} \tag{2.7}$$

以上より，入力太陽光エネルギーに対する最大出力の比を**理論変換効率** η_{max} とすると

$$\eta_{max}=\frac{E_{max}}{1\,000}=\frac{I_s V_0 F}{1\,000} \tag{2.8}$$

単結晶シリコンでは $F=0.846$ より，$\eta_{max}=0.268$ と求められる。各種半導体材料を用いた太陽電池の開放起電力 V_0，曲線因子 F，理論変換効率 η_{max} については，表 2.3 に示した。

2.4.3　理論変換効率が大きくならない理由

以上のように変換効率の良い単結晶シリコンでも入射光エネルギーの27%程度しか利用できないことがわかる。変換効率が大きくならないおもな要因は以下の二つである。

・半導体のバンドギャップよりもエネルギーの小さな長波長側の光は，半導体に吸収されずに素通りし，電気出力に寄与しないため。

・バンドギャップよりもエネルギーの大きな短波長側の光は吸収され発電に寄与するが，エネルギーがさらに大きな短波長では電子の励起が大きすぎて，伝導帯のはるか上方まで飛び上げられ，伝導帯に落下する際，熱になり電気として利用できないため。

また，実際の太陽電池では，材料表面の入力光の反射，材料厚さが薄すぎて光吸収が不足することなどにより理論変換効率より低下する。実際に制作されたサンプルでは2015年時点で最大で24%を超える程度である。

2.4.4　変換効率の向上策

変換効率を向上する方法として，いろいろな波長に合った複数の材料を重ね，広い領域の波長帯を利用して発電する方法がとられている。

・最上段：短い波長に合った材料。

・二段目，三段目：使う波長を順に長くする。

一例として，化合物半導体で薄膜セルを積み重ねて30%を超える変換効率を達成した太陽電池もある。また，光学系（レンズ）で集光し，小さな面積のセルで大きな発電出力を得る集光型太陽光発電の検討例もある。

2.5　太陽光発電システムの構成

太陽光発電システムを用途や規模によって大まかに分類すると以下のようになる。

・家庭用太陽光発電システム

・産業用太陽光発電システム（工場やビルでの自家消費）

・発電事業用大規模太陽光発電システム

・独立型電力供給システム

–常時は系統連系し，停電時のみ非常用電源として動作。

–商用系統と独立して非電化地域などへ供給。

以下では，家庭用太陽光発電システムと発電事業用大規模太陽光発電システムに着目して，システム構成や動作の詳細を見ていく。

2.5.1　家庭用太陽光発電システム

家庭用太陽光発電システムは住宅の屋根などに設置した太陽電池によって発電した直流電力を**パワーコンディショナ**（**PCS**：power conditioning system）で交流に変換し，家庭内の負荷に供給すると同時に，余剰分は電力会社へ売電するもので，その構成例を**図 2.11** に示す。

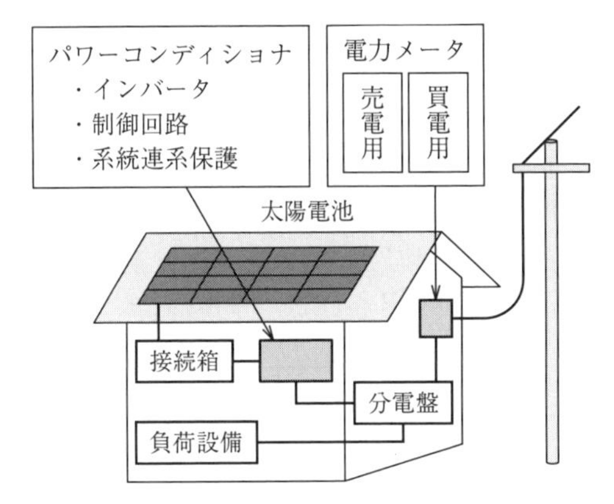

図 2.11　家庭用太陽光発電システムの標準的な構成例

太陽電池を構成する最小要素は**セル**と呼ぶ 10 cm 角程度の薄いウエハ状であり，セル 1 枚当たりの出力電圧は 0.5 ～ 0.6 V 程度である。複数セルを直列接続したうえで，ガラスなどの透明な材料に接着し，裏側をアルミ箔またはプラスチック膜で覆い保護（水分を防ぎ，絶縁を確保）し，さらに，アルミなどの枠材料に取り付けたものを**モジュール**と呼ぶ。モジュール 1 枚の一般的な出力は 100 ～ 200 W 程度であるため，必要な出力を得るために複数枚のモジュールを架台などに設置し，直並列接続する。これを**アレイ**と呼ぶ（**図 2.12**）。

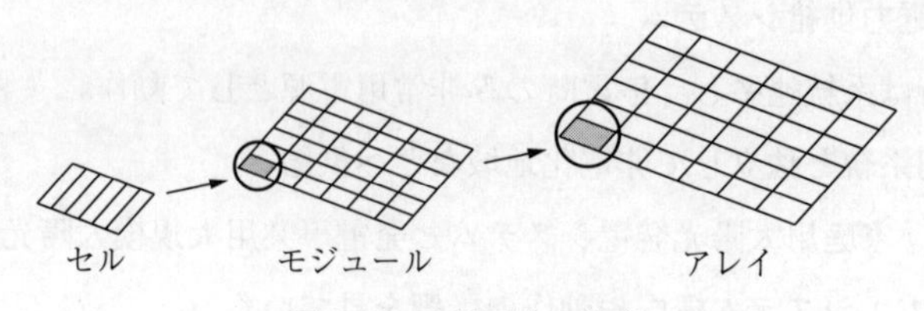

図 2.12　太陽電池の構成

PCS は，太陽電池で発電した直流を，系統連系可能な交流に変換するのがおもな役割であるが，それ以外にも以下の機能を備えている。

① 日射量に応じ，最大出力となるように運転する（最大電力追従運転）。

② 系統連系保護機能を持たせ，故障時など悪影響を及ぼさない。

③ 朝夕に自動的に起動・停止する。

また，PCS の主回路構成例を**図 2.13** に，家庭用システムの PCS 仕様概略を**表 2.4** に示す。太陽電池の出力電圧は，モジュールの直列数に加え日射量などの条件で大きく変化するため，インバータが安定した交流電圧を出力できるように昇圧チョッパで直流電圧を調整している。一般的な容量は 3 ～ 4 kW である。

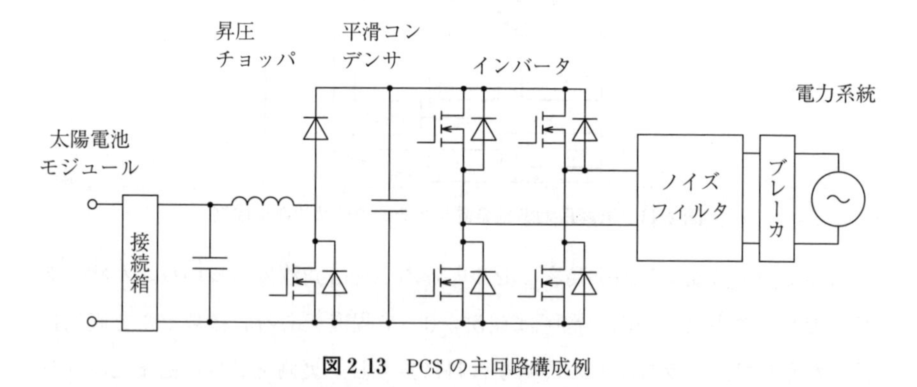

図 2.13　PCS の主回路構成例

表 2.4　家庭用システムの PCS 仕様概略

項　目	仕　様
定格出力電力	3 ～ 4 kW
定格出力電圧	AC202 V
定格入力電圧	DC250 V
運転電圧	DC60 ～ 380 V
最大入力電圧	DC380 V

（1）　最大電力追従運転

太陽電池では，太陽光エネルギーの強さにほぼ比例した電気出力が得られる。太陽光発電では，太陽光エネルギーを電気エネルギーに変換する効率が高いことが重要であるが，**図 2.14** に示すように，日射量の変化に伴い，最大出力が得られる動作点は時々刻々と変化する。さらに，気温も動作点に影響する。

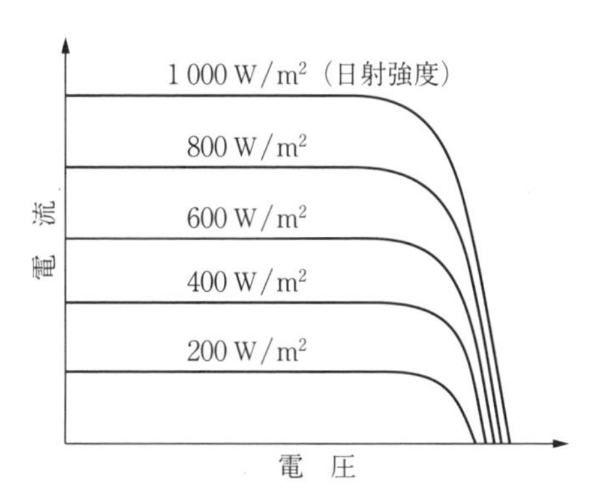

図 2.14　太陽電池モジュールの動作特性例

最大電力追従制御（**MPPT**：maximum power point tracking）は，変化する日射条件，温度条件での最大電力点を自動追従する運転方法であり，**図 2.15** に示す山登り法と呼ばれるものが一般的に使われる。

（2）　系統連系技術要件

太陽光発電のインバータを系統連系するためには，一般の発電装置同様，各種保護機能を含む系統連系技術要件などの規定[3)-5)]を満たす必要がある。その

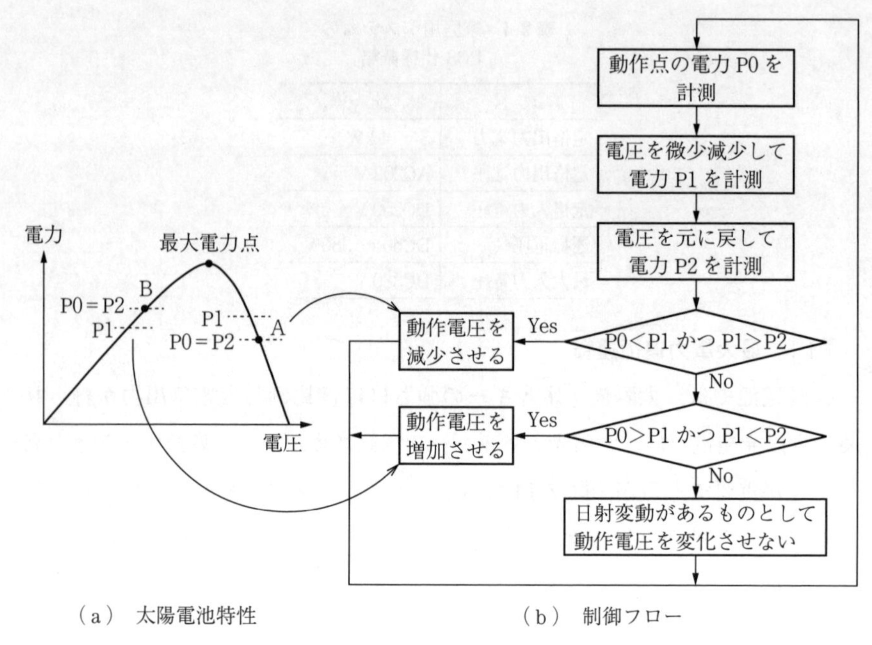

（a） 太陽電池特性　　　（b） 制御フロー

図 2.15　最大電力追従制御（山登り法）

おもな技術要件は，必要以上に電圧変動を引き起こさないこと，系統の電圧や周波数が異常値となった場合に発電（PCS）を停止させ，連系開閉器を開放させることである。特に系統と切り離されて，単独運転状態となった場合には，速やかにこれを検出して停止させることが求められている。確実に検出するため，受動方式と能動方式の 2 方式を備えるよう規定されている。一方，系統側で発生する瞬時電圧低下によって多数の PCS が停止してしまうと，その後の需給バランスが崩れてしまうため，瞬時電圧低下時には運転継続する FRT（fault ride through）機能も要求されている。

また，多数の住宅用太陽光発電が，ある地域の低圧系統に集中して接続されることによって，発電量が多く需要の少ない日中に配電系統に逆潮流が発生して，低圧系統の末端の電圧が上昇して電気事業法で定める供給電圧の適正値の上限（107 V）を逸脱する可能性が生じる（**図 2.16**）。このような状況の対策として，太陽光発電の PCS は力率を調整する機能や出力を抑制して上限を逸

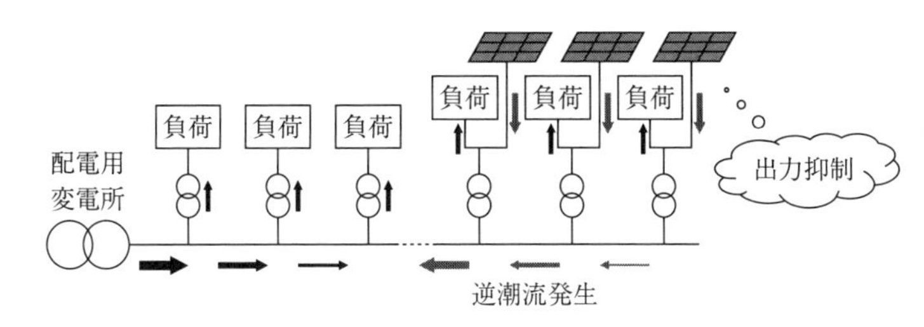

（a）　配電系統への太陽光発電の集中連系

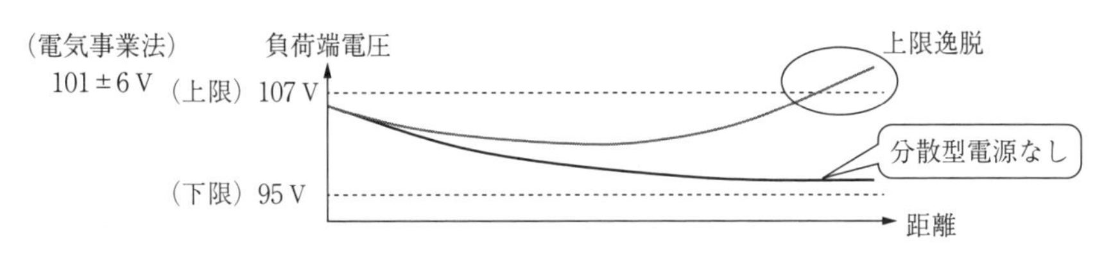

（b）　配電系統（低圧系統）の電圧分布

図 2.16　配電系統の電圧上昇問題とその対策

脱しないようにする機能も必要である。

2.5.2　大規模太陽光発電システム

大規模太陽光発電システム（メガソーラーと呼ぶ場合もある）の構成例を**図 2.17** に示す。基本的な太陽電池の構成や PCS との接続関係は家庭用太陽電池と変わらない。ただし，PCS の容量が 250 ～ 500 kW と大きくなるため，1 台の PCS に 1 000 枚を超えるモジュールが直並列接続されることになる。大容量 PCS 仕様概略を**表 2.5** に示す。容量を大きくするにあたって，モジュールの直列数を大きくすると，直流電圧が高くなり電気事業法で定める低圧の範囲を超えると，構造物含めて絶縁の確保や高耐圧配線材の確保などコストアップになる。そこで，直列数は直流電圧が最大でも 750 V を超えないようにとどめ，並列数（電流）を増やして大容量としている。海外では規格が若干異なるが，直流電圧の最大範囲は 1 000 V 以下である。PCS の回路構成や基本機能も家庭用と大きくは違いがない。ただし，容量が大きいことより，単相ではなく三相のインバータを用いている。また，発生高調波を減らすため，2 レベルイ

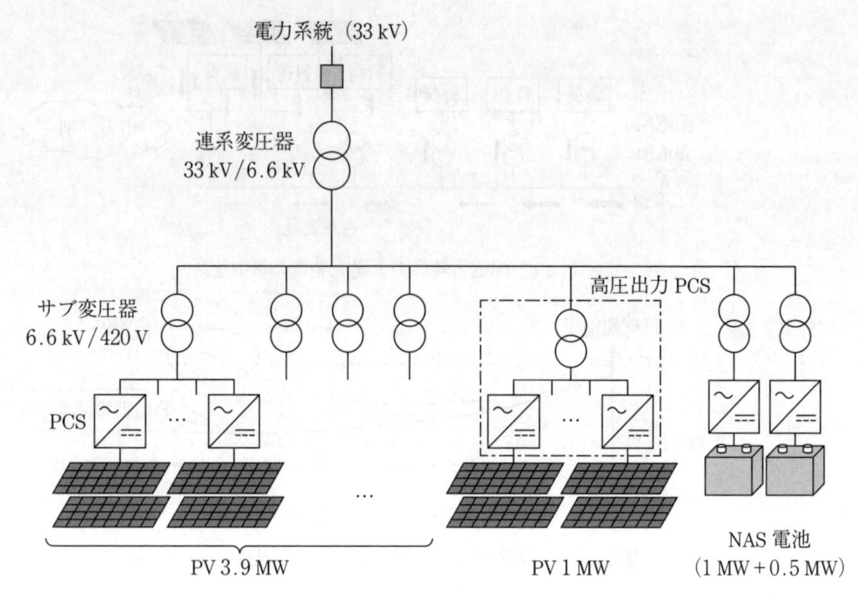

図 2.17　大規模太陽光発電システムの構成例[6)]

表 2.5　国内向け大規模太陽光発電システム向けの大容量 PCS 仕様概略

項　目	仕　様
定格出力電力	250 ～ 500 kW
定格出力電圧	AC400/210 V
定格入力電圧	DC350 ～ 500 V
運転電圧	DC320 ～ 750 V
最大入力電圧	DC750 V

ンバータの代わりに 3 レベルインバータを採用している例もある。なお，設備の利用率は設置場所の気象条件によるが，12％程度である。すなわち，夜間はまったく発電せず，曇天の日でも発電量は極端に小さくなる。また，朝夕や冬季には太陽高度が低いため，地表で受けるエネルギーが 1 000 W/m^2 よりも低下するためである。

例題 2.3　例題 2.1 と同じ条件で，発電効率 15%の太陽光モジュールを敷地面積の 50%に敷き詰めたとき，発電可能な最大電力はいくらか。また，設備利用率を 12%としたとき，年間いくらの電力量を発電できるか求めなさい。

解答

山手線内側のエリアで太陽から受けるエネルギーは 63 GW であることから，発電可能な最大電力は発電効率とモジュールの専有面積を乗じて得られ

$$63 \times 0.15 \times 0.5 = 4.7\ \mathrm{GW}$$

年間の発電電力量は，設備利用率が 12%であるから

$$4.7 \times 0.12 \times 24 \times 365 = 4\,940\ \mathrm{GWh/年}$$

2.6　系統連系にかかわる課題

太陽光発電の出力例を**図 2.18** に示す。天候により，発電出力のパターンが大きく変化することがわかる。また，晴時々曇り（図（b））および曇り時々晴（図（c））の天候では，発電出力が短時間でランダムに変動している。このような特性をふまえ大規模太陽光発電を系統連系する際の課題として以下のようなことが挙げられている。

① 発電出力が気象条件に左右され，ランダムに変動する。この結果，電力系統の需給バランスを崩し周波数変動を引き起こしたり，太陽光発電所近傍の電圧変動を引き起こすことなどが生じる。

② 同じ理由で，発電量を正確に予測できない。したがって，電力会社の発電計画の段階で活用できない。このような運用をしているときに太陽光の発電電力量が多くなると，調整力として使用する火力発電の出力が低下するため経済性が悪化し，最悪の場合には余剰電力が発生する。

③ 系統事故時に，近傍の太陽光発電の PCS が一斉停止すると，安定度に影響を及ぼしたり，一時的な需給アンバランスを生じる。

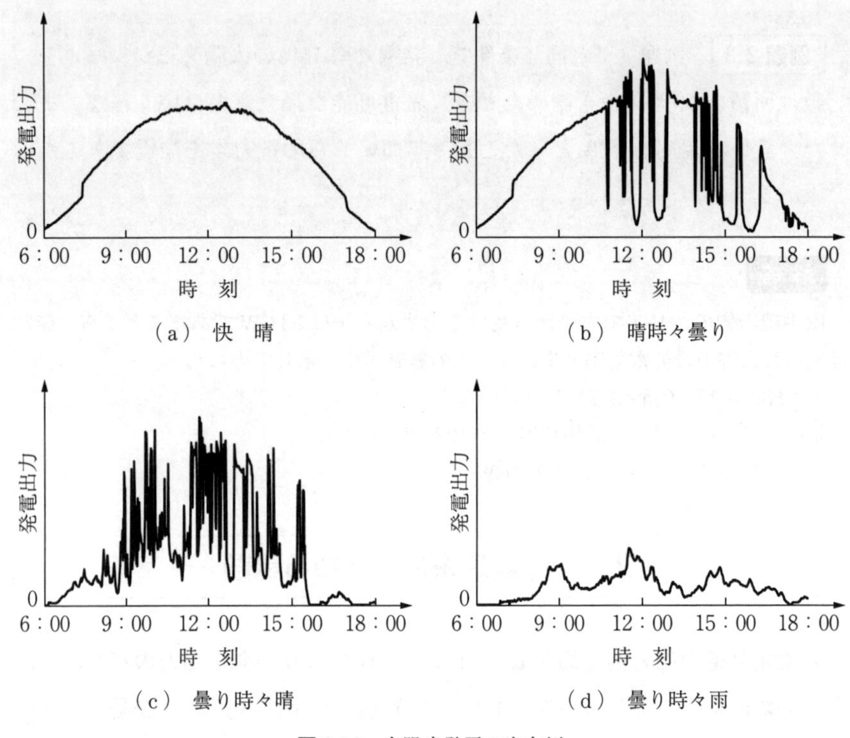

図 2.18　太陽光発電の出力例

これらの課題に対してさまざまな研究が進められているが，③ に対しては，家庭用太陽光発電の PCS 同様に瞬時電圧低下に対する FRT 機能が備えられるようになりつつある。① に対しては，蓄電池を用いた出力変動対策の研究などは進められているが，蓄電池を用いるとコストが大幅に上昇するため，そのインセンティブを与えるような制度の整備が待たれる。

2.7 適 用 状 況

日本における太陽光発電の導入量の推移を**図 2.19** に示す。2000 年ごろより導入量は堅調に増加し始めているが，2013 年以降の増加が顕著である。これは，2012 年 7 月に固定価格買取制度が導入され発電事業によって利益を得ら

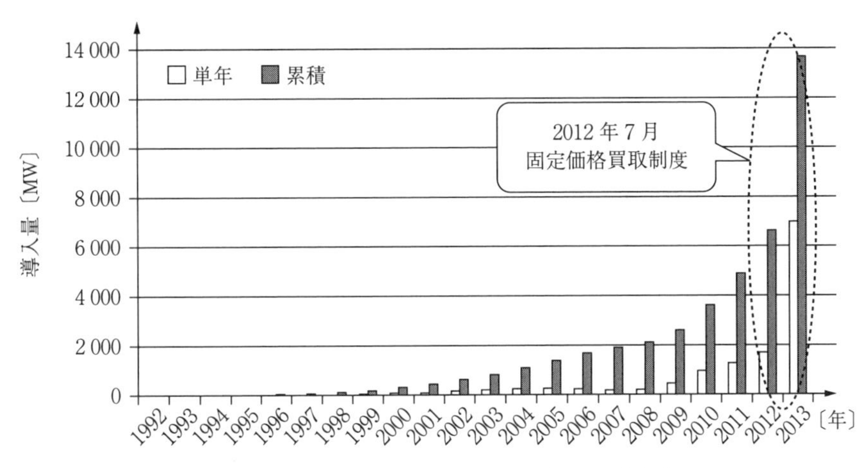

図 2.19 日本における太陽光発電の導入量の推移[7)]

れるめどが立ったため，非住宅用途の太陽光発電が急速に普及したものである。資源エネルギー庁では 2012 年時点での長期エネルギー需給見通しの中で，太陽光発電に関して 2020 年で 2 800 万 kW，2030 年で 5 300 万 kW という設備容量を予測していたが，2013 年度末の時点で 6 500 万 kW を超える設備の認定（固定価格買取制度による申請に対する）がなされている状況である[7)]。これに対して電力系統側の対策が追いついておらず，一部電力会社では系統連系の協議を停止したり，条件を追加することで系統連系を許可する方針を出している。

世界全体では，**図 2.20** に示すように，ドイツ，中国，イタリア，米国などで普及が進んでいる。欧州の国々では風力発電とならび太陽光発電の導入意欲

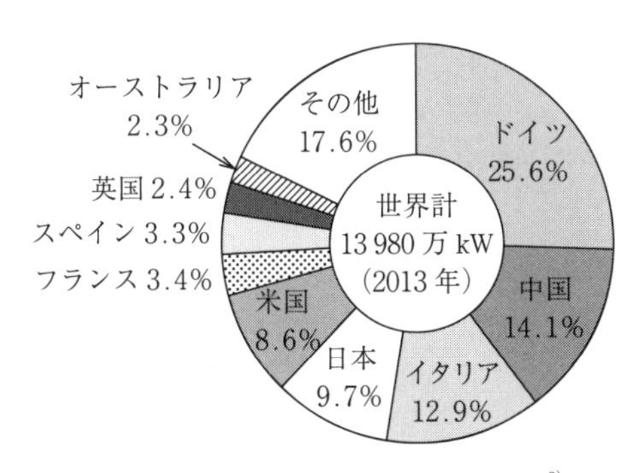

図 2.20 世界の太陽光発電の導入状況[8)]

が強く，再生可能エネルギーの導入により化石燃料から離れて二酸化炭素の排出量を減らす意思が表れている。

太陽光発電の歴史

太陽光発電の原理とも言える光起電力効果は，1839 年にフランスのベクレルが発見している。しかし，現在の太陽電池の原型が発明されたのは，それから 100 年以上先になる。1954 年，米国のベル研究所でピアソンらがシリコン系太陽電池を発明し，1958 年には人工衛星の電源として搭載されている。

その後，多様な太陽電池が開発されはじめ，1976 年にはアモルファスシリコン太陽電池が開発され，薄さを生かして電卓や時計などへの普及が進むようになった。

日本では，第 1 次オイルショック以降の 1974 年に，通産省工業技術院のサンシャイン計画で本格的な研究が開始され，その後，1993 年にはニューサンシャイン計画に引き継がれた。この間，日本は世界の中で太陽光発電をリードする国としてコストダウンや効率向上を実現し，生産量，導入量ともにトップの座を獲得してきた時期もあった。現在では，新エネルギー・産業技術総合開発機構や太陽光発電技術研究組合などが研究開発を支援している。

章　末　問　題

【2.1】 太陽光発電の動作原理を説明しなさい。

【2.2】 シリコン系の太陽電池の種類を三つ挙げ，それぞれの変換効率やコストなどの特徴を比較しなさい。

【2.3】 東京ドームの建築面積は，およそ47 000 m^2である。ここに，太陽電池モジュールを敷き詰めると，最大何kWの発電が可能か計算しなさい。ただし，太陽から地上へ降り注ぐエネルギーを1 kW/m^2とし，また，太陽光発電システムの効率を15%とする。

【2.4】 以下の文章の［　　　］を埋めなさい。
太陽から地球（大気圏外）に到達するエネルギーは，公転軌道上で垂直に受ける値で［　　　　　］W/m^2であるが，地表に到達するまでに大気による散乱や，［　　　　　］や［　　　　　］による吸収を受け，地表では［　　　　　］W/m^2となる。

【2.5】 以下の文章の［　　　］を埋めなさい。
太陽光発電システムのパワーコンディショナの機能を整理すると
(1) 直流を［　　　　　］に変換する機能
(2) 日射量に応じて最大出力を取り出す［　　　　　　　　　］機能
(3) 故障時などに影響を及ぼさないようにする［　　　　　　　　　］機能
(4) 朝夕に自動的に起動・停止する機能
などが挙げられる。

【2.6】 太陽光発電システムが大量に導入された場合に起こりうる課題を一つ挙げ，その対策として考えられるものを説明しなさい。

第3章

太陽熱発電

太陽熱発電（**CSP**：concentrating solar power）とは，集光した太陽熱によって生成した蒸気を用いてタービンを回し，発電するシステムのことである。世界各地の砂漠地帯に大規模の発電プラントを建設する構想が提案され，米国やスペインでは商用機の導入も進んでいる。本章では，太陽熱発電の原理，さまざまなシステム構成，適用状況，課題について説明する。

3.1 太陽熱の利用

太陽熱を利用したエネルギーシステムは以下のようなものが挙げられる。

・太陽熱冷暖房・給湯システム

・産業用システム（乾燥システム，淡水化システムなど）

・太陽熱発電システム

これらのシステムの特徴は，システム構成が単純であり，高い変換効率が得られる点であり，この特徴ゆえ古くから利用されてきている。

本章では，太陽熱発電システムについて説明する。太陽熱発電で利用するエネルギー源は太陽光の日射であり，2.1節で示した太陽光発電と同じである。

図3.1に世界の年間直達日射マップを示す。太陽熱発電には年間の日射量が2 000 kWh/m^{2}の地域が適する。

日射量が多いのは，北アフリカ（サハラ砂漠など），中東，中央アジア（ゴビ砂漠など），北米西部，豪州などである。日本では1 000 ～ 1 300 kWh/m^{2}であり，それほど多くはない。冷却用の水が得られると好都合であるが，ほと

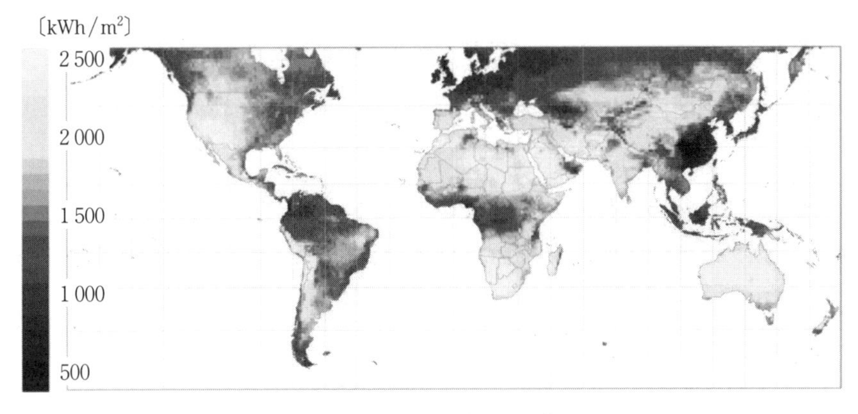

図 3.1　世界の年間直達日射マップ[1)]
〔出典：meteonorm ホームページより転載〕

んどの日射適地は砂漠地帯であり冷却水の確保は難しい。

3.2　太陽熱発電の原理

太陽熱発電の動作原理図を**図 3.2** に示し，以下に動作を説明する。

（1）　集光・集熱部分

・反射鏡で構成されるコレクタで太陽光を集光する。

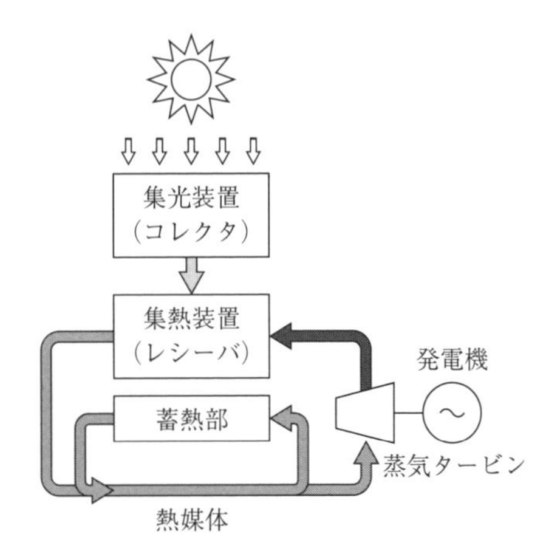

図 3.2　太陽熱発電の動作原理図

・集光した光をレシーバで熱に変換し熱媒体を温める。

・熱媒体により発電部まで熱エネルギーを輸送する。

・蓄熱部を有する場合もある。

（2） 発 電 部 分

・熱媒体が水以外の場合は，蒸気発生器で水蒸気を製造する。

・蒸気タービンを回して発電する（火力発電と同じランキンサイクルを利用）。

このようにして発電する特徴は，以下のとおりであり，太陽光発電と比較して電力の安定供給が可能である。

・太陽光をいったん，熱に変えて発電するため，熱慣性や蒸気タービンの機械的な慣性により，発電量が平滑化される。

・蓄熱システムを導入すると，夜間や曇天日など日射の得られない時間でも発電が可能である。

・化石燃料やバイオマスを燃料とするボイラを組み込んだシステムとのハイブリッド化が可能である。

3.3　太陽熱発電システムの構成

太陽熱発電のシステムは，集光・集熱方式の違いによって，**パラボラ・トラフ型**（parabolic trough），**リニア・フレネル型**（linear fresnel reflector），**タワー集光型**（solar tower），**ディッシュ型**（parabolic dish），の四つに分類される。その他のシステム構成の分類として，直接方式と蓄熱方式，蓄熱方式とボイラを併用するハイブリッド方式が挙げられる。

（1） パラボラ・トラフ型

パラボラ・トラフ型（以下，トラフ型とする）太陽熱発電システム構成例を**図 3.3** に示す。樋状に延びた放物線形状断面を有する集光ミラーで太陽光を反射し集熱管に集光する。集熱管内の熱媒（油系）は約 400℃まで加熱され，熱交換器に送られて蒸気（約 380℃）を発生する。発生した蒸気によりタービン

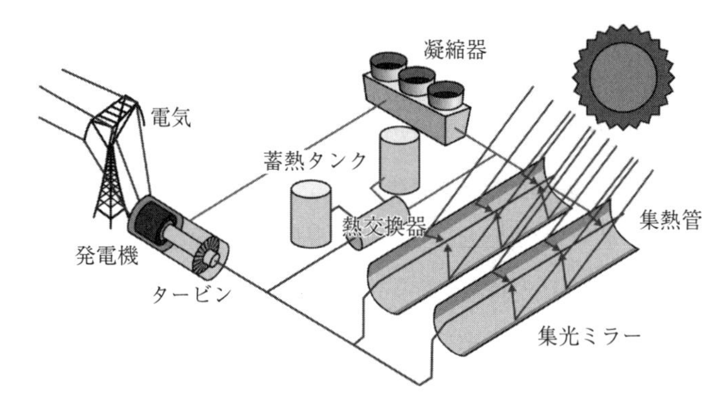

図 3.3　トラフ型太陽熱発電システム構成例[2)]

を回して発電する。システム効率は 15％程度である。集熱部の配管が長くなるため，熱損失や熱媒を循環させるための動力損失が発生する課題がある。真空 2 重管の採用などで熱損失が大きくならない工夫を施している。

（2）　リニア・フレネル型

リニア・フレネル型太陽熱発電システム構成例を**図 3.4** に示す。細長い集光ミラーの角度を変えて並べ，上方の集熱管に集光する。トラフ型より集光効率は劣るが，集熱管を集中して配置し直接蒸気を生成するため，真空二重管のレシーバは不使用で済む。蒸気温度は 250 ～ 300℃で，システム効率は 8 ～ 10％程度である。この方式の利点は，トラフ型より製造は容易で低コスト，風の影響を受けにくい点と，熱交換器が不要な点である。

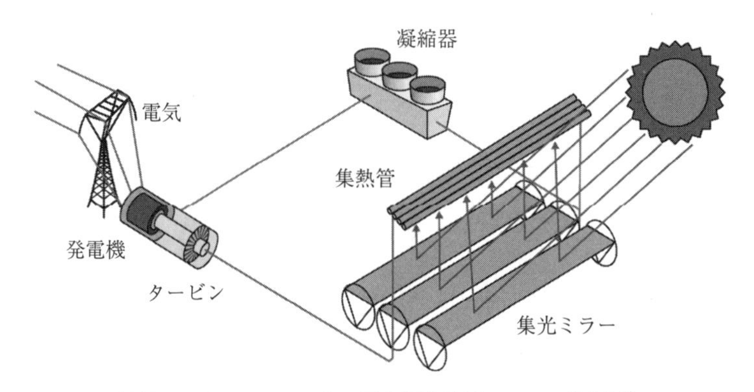

図 3.4　リニア・フレネル型太陽熱発電システム構成例[2)]

（3） タワー集光型

タワー集光型太陽熱発電システム構成例を**図 3.5** に示す。ヘリオスタットと呼ばれる太陽追尾装置を持つ平面状の集光ミラーを多数並べ，タワーの上部にある集熱器に集光・集熱し蒸気を発生させる。この蒸気でタービンを回し発電する。集光度が高い特徴を有し，熱媒体の温度を約 550℃ まで上げることができ，システム効率は 20 ～ 35% である。ガスタービンも研究中である。

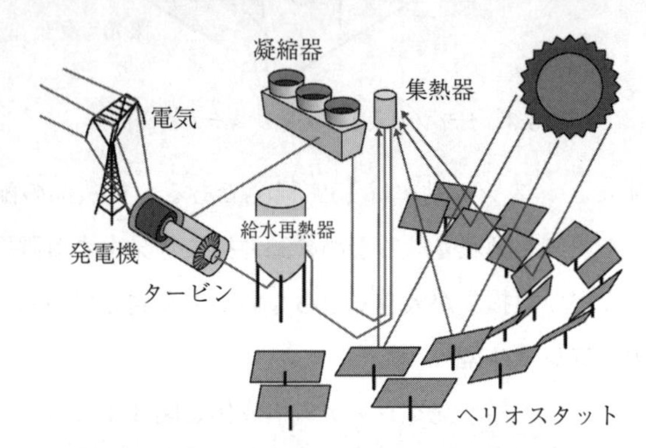

図 3.5　タワー集光型太陽熱発電システム構成例[2)]

（4） ディッシュ型

ディッシュ型太陽熱発電システム構成例を**図 3.6** に示す。放物曲面状の集光ミラーを用いて集光し，焦点部分にある電力変換ユニットで発電する（スター

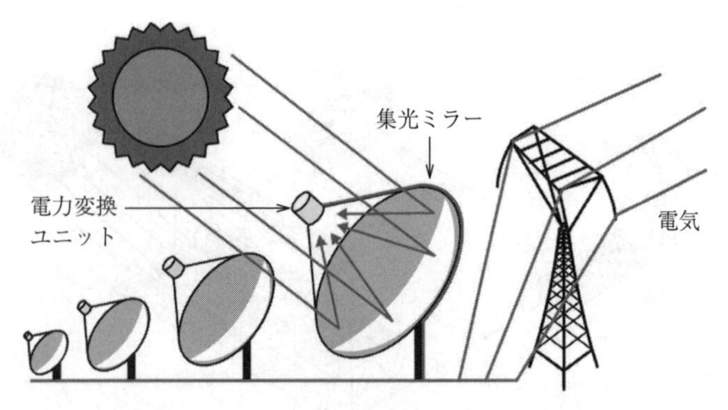

図 3.6　ディッシュ型太陽熱発電システム構成例[2)]

リングエンジンやマイクロタービンなど)。直径 5 〜 15 m，発電出力 5 〜 50 kW と小型である。より大きな出力が必要な場合は同じ装置を並べて配置する。媒体温度は約 750℃で発電効率 30％を記録している。

（5） 蓄熱・ハイブリッド方式

蓄熱システムを備えたシステム構成例を**図 3.7** に示す。集熱エリアと，発電エリアの間に，熱交換器と蓄熱槽が設置されている。蓄熱槽は高温タンクと低温タンクの二つがあり，蓄熱時には低温タンクから低温の熱媒（溶融塩）を取り出し，熱交換器で高温にしたうえで高温タンクに蓄える。放熱時には逆の動作である。

このようなシステム構成とすることで，夜間の発電を可能とし，短時間の日射変動の影響を受けない特徴を有する。

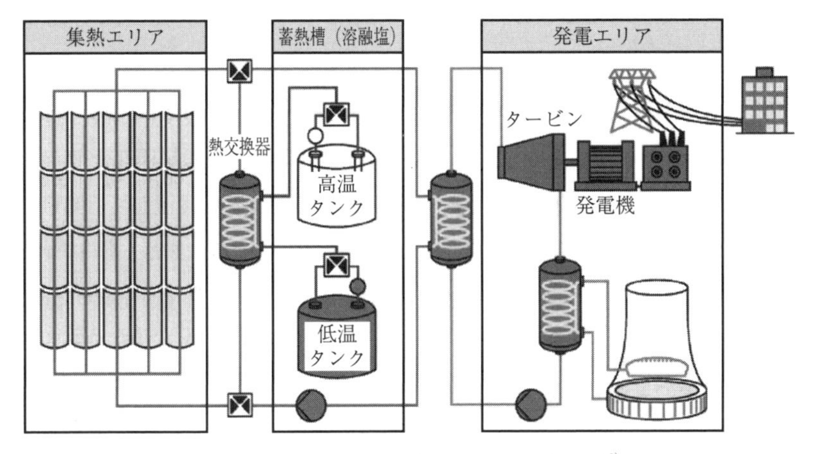

図 3.7　蓄熱システムを備えたシステム構成例[2)]

さらに，蓄熱システムを加熱するためにボイラを有するシステムが考えられ，ハイブリッドシステムと呼ぶ。このようなシステムでは，夜間や日射の少ない冬期間でも十分大きな発電出力を確保することができるようになる。ただし，資源節約や CO_2 削減の観点からは，ボイラの利用は最小限にとどめるべきである。

3.4 太陽熱発電の適用状況

（1） 適 用 状 況

太陽熱発電は，米国や欧州（特にスペイン）で開発・導入が進められている。早期の設備は米国で1980年代の半ばに建設・運転されたが，現在運転中・計画中のものは2000年代半ば以降の稼働である。商用機ではトラフ型とタワー型が中心である。

スペインで2007年3月に運転開始したPS10（Planta Solar 10）[2),3)]は発電出力11 MWのタワー型プラントで，550 000 m^2の敷地に120 m^2のヘリオスタットが624基設置されている。タワーの高さは115 mあり，レシーバで約275℃の飽和蒸気を発生させている。システム効率は15%である。なお30分間50%出力が可能な蒸気の貯蔵システムが備えられている。

同じくスペインで2008～2011年にかけて運転開始したAndasol 1～3[2),3)]は発電出力が各50 MWである。Andasol 1は欧州で最初の大規模なトラフ型プラントであり，約510 000 m^2の敷地に624基の集光装置を設置して393℃の熱媒（溶融塩）出力を得ている。システム効率はピークで約28%，年平均で15%である。なお，各プラントは蓄熱装置を備えており，夜間も7.5時間分の発電が可能である。

（2） 今後の見通し

World Energy Outlook[4)]によると，**図3.8**に示すように，今後急速な普及が見込まれ，そのおもな地域は北米のほか，アフリカ，インド，中東などが挙げられる。「DESERTEC」プロジェクトでは，サハラ砂漠に多数の太陽熱発電所を建設し，直流送電によってEU全域と中東，北アフリカを接続し電力供給する壮大な構想が提案されている。

国内では商用機は建設されておらず，企業が自社構内に実証研究用の設備を構築したり，北杜市や東京工業大学などが合同で実証機を構築した例が報告されている程度である。

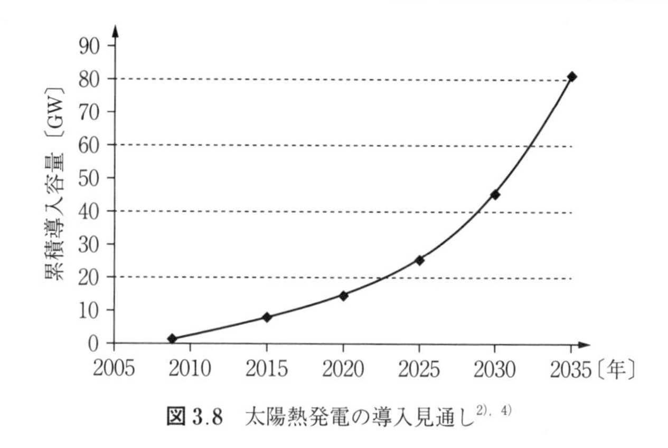

図 3.8 太陽熱発電の導入見通し[2), 4)]

3.5 太陽熱発電の課題

3.5.1 国内外の課題

（1） 国　　内

・直達日射の豊富な地点の選定（適地が少ない）。

・プラント規模の大型化により集熱効率を上げ，熱損失や所内負荷率を下げる。

・低コスト化。

（2） 各　　国

共通する技術開発課題は以下である。

発電量の増大：蓄熱システム開発で曇天日や夜間も発電できるようにする。

発電効率の向上：タービン入り口温度の高温化が有効である（高温蓄熱，熱流体の高温化，集光システムの高度化）。

設備費・運転費の削減：システムコストの40％近くを占める集光・集熱部のコスト削減が望まれる。

復水器に必要な冷却水が得られない地域では，空冷式熱交換器が必要である。

3.5.2 開 発 状 況

(1) 蓄熱システムの開発

現状のシステムは以下の技術を適用している。

・蓄熱媒体は硝酸塩系溶融塩。

・蓄熱タンクは2槽式（高温用タンク，低温用タンク）または単槽式（タンク内の蓄熱媒体の温度勾配で分かれる)。

開発中のシステムでは，蓄熱媒体の高性能化，低コスト化をめざしている。

① 顕熱蓄熱媒体の改良：

・硝酸塩系は融点が高く（230℃)，固化を防ぐため加温が必要である。特に冬場や夜間のエネルギー消費が大きくなり全体の効率を低下させる要因となる。そこで，硝酸リチウムを添加することなどにより低融点の材料を開発する。

・コンクリートやセラミックなどを利用した固体蓄熱材を開発する。安全でハンドリングが容易なため低コスト化が期待される。

② 潜熱蓄熱（相変化蓄熱）媒体の開発：熱媒の融解点における潜熱を利用して蓄熱する。

③ 化学蓄熱媒体の開発：アンモニアの分解など化学変化に伴う熱の吸収・放熱を利用する。

(2) 発電効率向上のための蒸気高温化

蒸気タービンはランキンサイクルを利用しており，タービン入り口温度が発電効率に大きな影響を与える。温度を上昇させるために以下のような検討が行われている。

① 直接蒸気生成：従来のトラフ型システムでは熱媒を400℃程度に加熱するが，熱交換器で発生する蒸気は380℃程度になる。これを直接方式とすると400℃の蒸気でタービンを回すことができる（熱交換器も不要)。
技術的に難しい点は，気相と液相が混在すると扱いが困難となる点。

② 高温レシーバの開発（タワー型)：タワー型は現在でも比較的高温であるが，さらなる高温化をめざす。

反射損失を低減するレシーバ表面処理，材料などを開発する。

③ 高温レシーバの開発（トラフ型）：集熱管の熱吸収率を高める（約95%）材料を開発する。また，熱損失の少ない集熱管を開発する。

（3）　設備費・運転費の低減

① コレクタの大型化（トラフ型）：大型化することで数を減らし相対的なコストを低減することがねらい。

・従来ではトラフの幅約5.8 m，単位モジュール長さ12 m程度。

・現在開発中では幅6.8 ～ 7.5 m，長さ19 ～ 24 m。

ただし，大型化すると風の影響が大きくなるので対策が必要である。

② 空気式熱交換器の低コスト化・高効率化：十分な冷却水が得られない場合には，空気式熱交換器を適用する。

空気式は水冷式に比べ大型（設備費大）で熱交換効率も悪くなる。

・高効率化の検討。

・水冷式とのハイブリッド化（使用水量を小さく抑える）の検討。

③ 集光・集熱部の洗浄用ロボットの開発など。

章　末　問　題

【3.1】 太陽熱発電のうち，トラフ型およびタワー集光型について，構成および動作原理を説明しなさい。

【3.2】 以下の太陽熱発電方式について，タービンを回す蒸気温度および発電効率として最も適切なものを選択肢から選び記入しなさい。

（1）トラフ型

蒸気温度＿＿＿＿＿＿＿＿，発電効率＿＿＿＿＿＿＿＿

（2）リニア・フレネル型

蒸気温度＿＿＿＿＿＿＿＿，発電効率＿＿＿＿＿＿＿＿

（3）タワー集光型

蒸気温度＿＿＿＿＿＿＿＿，発電効率＿＿＿＿＿＿＿＿

〈蒸気温度の選択肢：約100℃，250 ～ 300℃，約380℃，約550℃〉

〈発電効率の選択肢：8 ～ 10%，約15%，20 ～ 35%，約45%〉

第4章

風力発電

風力発電（wind power generation）は，風の持つ運動エネルギーを風車により回転力に変換し，発電機を回して発電するものである。風車は翼の形状や回転軸の方向により多くの種類があり，また，発電システムも発電機の種類や増速機の有無，系統連系方法で多数の種類がある。本章では，これらさまざまな種類の風車や発電システム，風車の基礎理論，変換効率，系統連系上の課題と対策について説明する。

4.1 風力エネルギー

地球表面が太陽からの放射エネルギーによって温められるとさまざまな大気循環が生じる。最も大規模なものは，赤道付近と両極付近の放射エネルギーの違いによって生じる対流に，地球の自転が影響して発生する偏西風や貿易風である（**図 4.1**）。

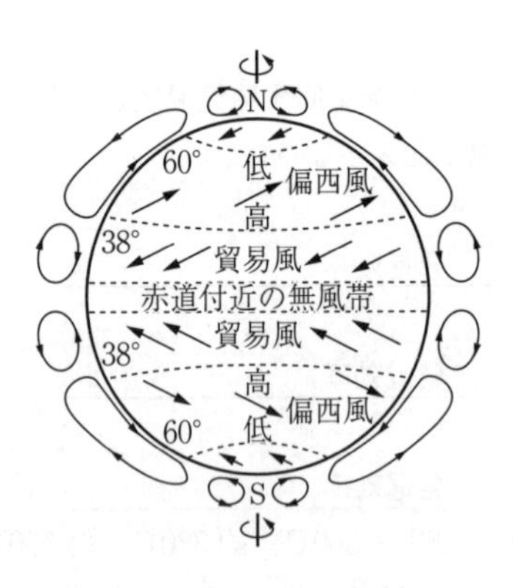

図 4.1 地球規模の大気循環[1)]

これに加え，大陸や海洋の地形の影響により，地域的な風が発生する。例えば，日本列島付近では冬季には西高東低の冬型の気圧配置が多く現れシベリア高気圧から北西の季節風が吹き，夏季には太平洋高気圧から南東の風が吹く。さらに，局地的には周期的に繰り返して通過する低気圧と高気圧からの風，日中と夜間の温度変化により発生する海陸風，山谷風などが重なる（**図 4.2**）。

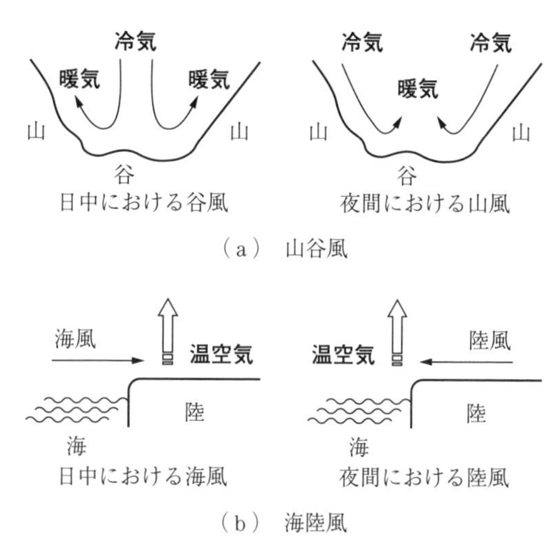

図 4.2　局地的に発生する風

これら，風力エネルギーの特徴は，① 再生可能エネルギーである，② 汚染物質や温暖化ガスを排出しないクリーンなエネルギーである，③ エネルギー密度は低い，④ 風向・風速が絶えず変化するなどが挙げられる。

4.2 風 車 の 種 類

風の持つエネルギーを受けて回転力など利用できる形に変換するのが**風車**（wind turbine）である。風車は，**図 4.3** に示すようにさまざまな種類が存在するが，回転軸が風向に対して水平か垂直かと駆動原理によって揚力形と抗力形とに大別される。**水平軸風車**は風車の回転軸が風向に対して水平であり風向に対する依存性を有するが，**垂直軸風車**は風車の回転軸が風向に対して垂直であ

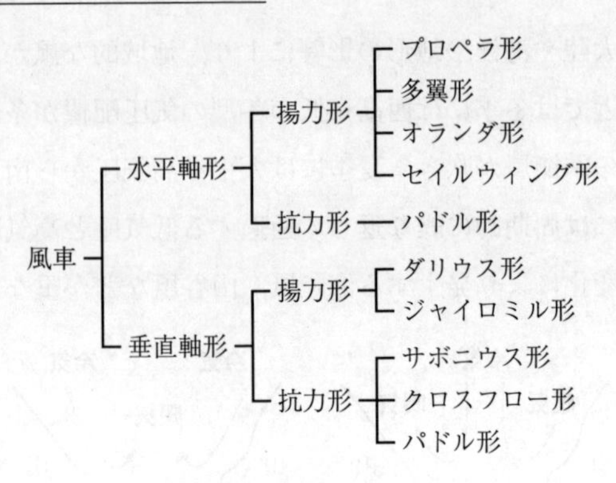

図 4.3　風車の分類

り風向に対して依存性がない。**揚力形風車**は，羽根が風を受けた時に風向に対して垂直方向に働く揚力をおもな回転力として利用する風車であり，**抗力形風車**は風向と同一方向に働く抗力を回転力として利用する。

（1）　プロペラ形風車

発電用に最も広く使われる風車で，**図 4.4** に示すプロペラ（ブレード）で構成される。ブレードの枚数は 2 ～ 3 枚である。水平軸であるため，風向に合わせるための方位制御が必要となる。一方，ブレードを設置するタワーを高くすることで，高出力を得やすい特徴を有する。

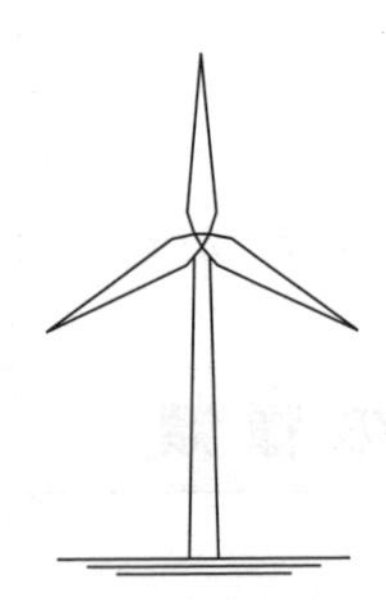

図 4.4　プロペラ形風車

（2）　多翼形風車

19 世紀に米国の農場や牧場で揚水用に開発されたもので，**図 4.5** に示す多数の翼から構成される。低速回転でも高いトルクが得られる特性を有しており，低風速でも起動が可能で騒音も小さい特徴を有する。

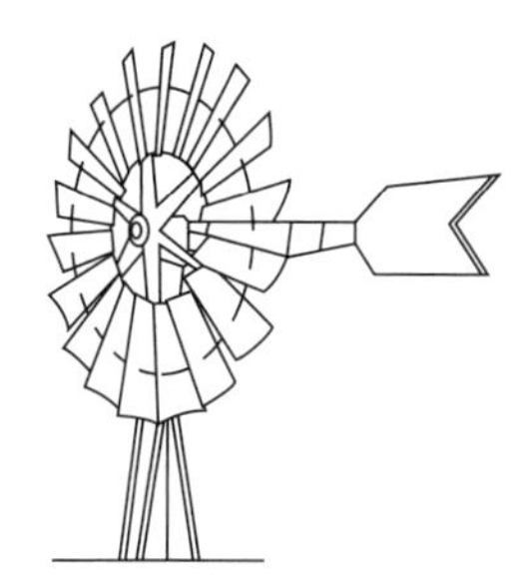

図 4.5 多翼形風車

(3) オランダ形風車

15 世紀にオランダで広く利用されたもので，**図 4.6** に示す 4 枚羽根で構成される。羽根を構成する帆の面積やシャッター開度で動力を調整できるようになっている特徴を有する。風向に合わせて小屋全体または小屋の上部を回転させるようにしている。

図 4.6 オランダ形風車

(4) セイルウイング形風車

地中海地方で製粉や排水の用途に古くから使用され，**図 4.7** に示すセイル（帆）によって構成される。帆船の帆と同じ布を羽根に取り付け，羽根の枚数

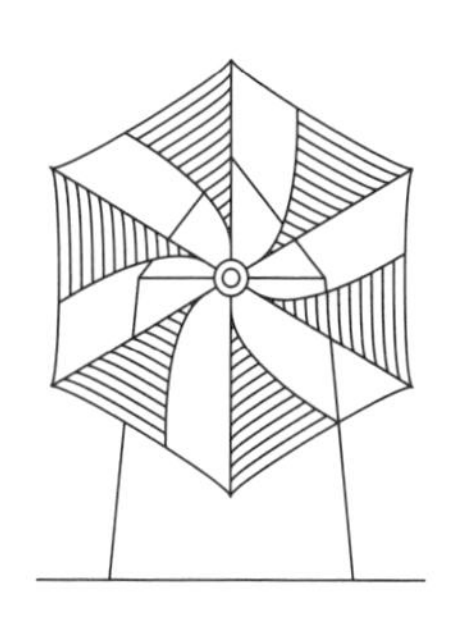

図 4.7 セイルウイング形風車

は6～12枚である。

（5） ダリウス形風車

1931年にフランスで発明された風車で，**図4.8**に示す曲がりブレードで構成される。装置が簡単で風向の依存性がないという特徴を有する。風車の重量当たりの出力は大きいが，起動性が悪いという欠点を有する。

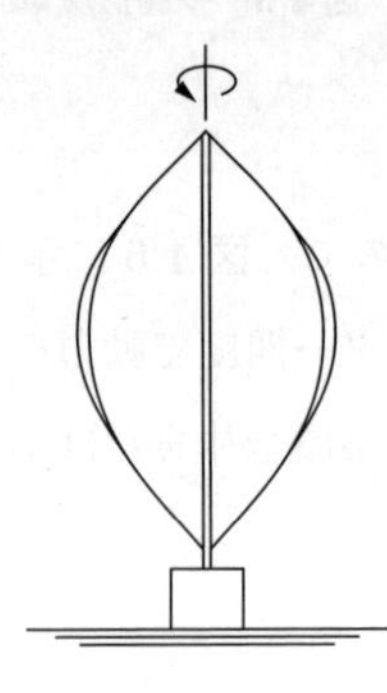

図4.8　ダリウス形風車

（6） ジャイロミル形風車

図4.9に示すように対称翼のブレードが垂直に取り付けられている構成である。1回転の間に2回ブレードの向きを変える機構があり複雑であるが効率は良い。

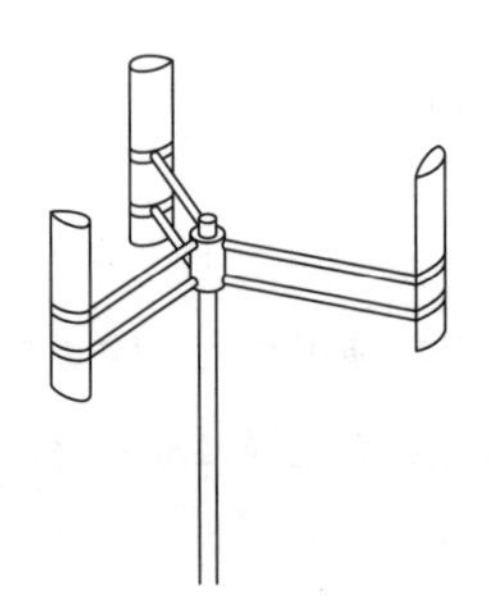

図4.9　ジャイロミル形風車

（7） サボニウス形風車

1929年にフィンランドで発明された風車で，**図4.10**に示す半円筒状の羽根を向かい合わせに組み合わせて構成する。羽根の枚数は通常2枚であるが，3枚組み合わせるものもある。効率を向上させるために，羽根に加速流が流れ込

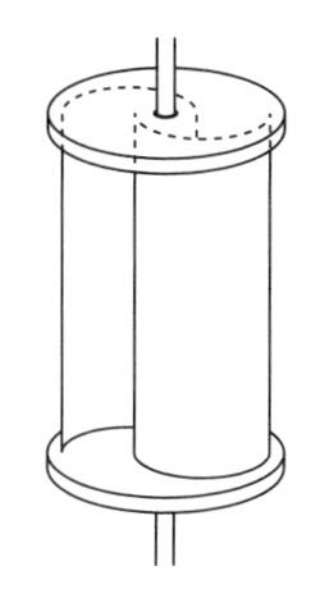

図 4.10　サボニウス形風車

む流路を取り付ける風車もある。

（8）**クロスフロー形風車**

図 4.11 に示すように上下円盤の円周上に，多数の細長い曲面版ブレードを取り付けた構成である。ブレードの凹面と凸面の抗力差で駆動する仕組みである。効率は低いが，低風速で回転し騒音が少ない特徴を有する。

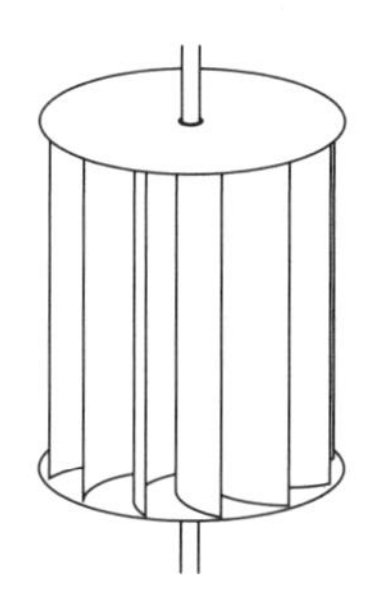

図 4.11　クロスフロー形風車

（9）**パドル形風車**

図 4.12 に示す構造で風速計に広く使われ，風杯型またはカップ型とも呼ばれる。風杯の前方と後方の受風面の空気抵抗の差をトルクとして回転する。簡

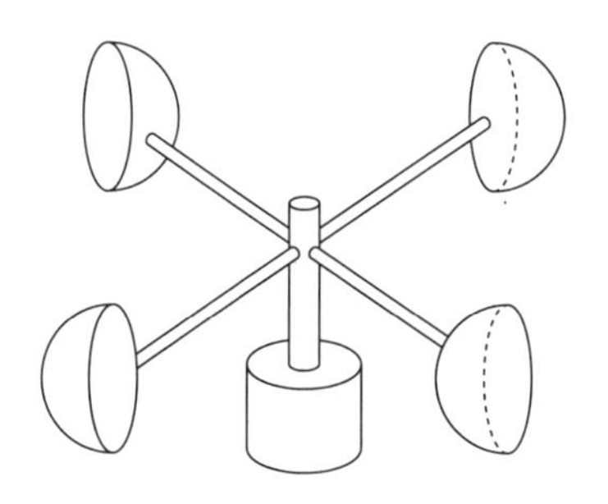

図 4.12　パドル形風車

単な構造であるが風車の重量およびコスト当たりの出力は小さい。

4.3　風車の基礎理論

4.3.1　風のエネルギー

流体が単位時間に流れる質量流量を m〔kg/s〕，流速を v〔m/s〕とすると，その運動エネルギーは $mv^2/2$ である。風速 v〔m/s〕の風の中に，受風面積 A〔m^2〕の風車を設置したときの受風面を単位時間に通過する空気の質量は**図 4.13** に示すように ρAv であるから，**風力エネルギー** E〔W〕は次式で表される。

$$E = \frac{1}{2}(\rho Av)v^2 = \frac{1}{2}\rho Av^3 \tag{4.1}$$

ここで，ρ は空気の密度〔kg/m^3〕である。

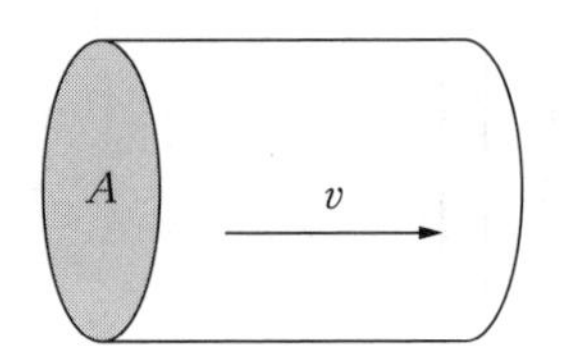

単位時間に通過する質量＝ρAv

図 4.13　風車が受ける風のエネルギー

すなわち，風力エネルギーは，受風面積に比例し，風速の 3 乗に比例することがわかる。大容量の出力を得るためにはできるだけ風速の高い場所を選定することが重要である。なお，空気の密度は，1 気圧，0℃の場合，$\rho = 1.293$ kg/m^3 となる。

例題 4.1　直径 60 m の風車に風速 10 m/s の風が吹いているとき，受風面を通過する風の持つエネルギー E〔kW〕を求めなさい。ただし，空気の密度を $\rho = 1.293$ kg/m^3 とする。

解　答

$$E=\frac{1}{2}\rho A v^3=\frac{1}{2}\times 1.293\times(\pi\times 30^2)\times 10^3=1\,828\,000\ \mathrm{W}$$
$$=1\,828\ \mathrm{kW}$$

4.3.2　風速の高度分布

風は地表や海面の摩擦によって影響を受けるため，地表付近で風速が小さくなり上空で風速が速くなる。地表から約 100 m までの範囲においては，風速 v の高度 h に対する分布は次式の指数法則で表される[2)]。

$$v=v_1\left(\frac{h}{h_1}\right)^{1/n} \tag{4.2}$$

ここで，v_1 は高さ h_1 における風速である。式の n は地表の条件によって異なり，**図 4.14** に示すように都市部や森林は地表の摩擦が大きいので地表付近の風速が低下し，海面やなめらかな地表面では高度の違いによる風速の変化は小さくなる。

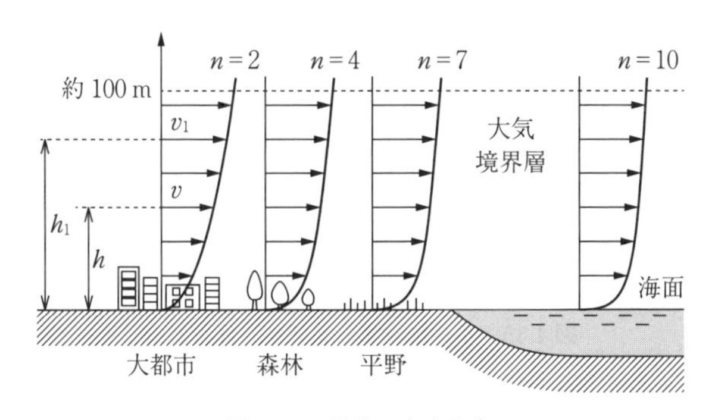

図 4.14　風速の高度分布

4.3.3　風　速　の　変　動

風速は時間的に絶えず変動しており，一定ではない。そこで，風速の瞬時値を一定の期間で平均した平均風速が用いられる。気象情報で用いられる時刻ごとの平均風速は，通常，正時前 10 分の平均値が用いられる。長期間の場合には月平均風速や年平均風速が使われる。スペクトルで見ると，周期 1 ～ 2 分のいわゆる風の息と呼ばれる変動成分，周期 12 時間程度の日変化に伴うもの，周期 100 時間程度の高気圧と低気圧の通過に伴うものがおもな成分として観測される。瞬間風速の出現頻度を表すのに次式の**レイリー分布** $f(v)$ が使われる。

$$f(v)=\frac{\pi}{2}\frac{v}{\bar{v}^2}\exp\left[-\frac{\pi}{4}\left(\frac{v}{\bar{v}}\right)^2\right] \tag{4.3}$$

ここで，$\bar{v}$ は平均風速である。レイリー分布の例を**図 4.15** に示す。ある地点の平均風速がわかれば，任意の風速範囲 $v_i \pm \Delta v/2$〔m/s〕の出現率が $F(v_i)=f(v_i)\times\Delta v$ で算出できるので，この風速の年間の出現時間は $8\,760\times \mathrm{F}(v_i)$〔h〕となる。よって，風車の特性より得られる当該風速における風車の発生電力を $P(v_i)$〔W〕とすると，期待される年間電力量 P_W〔Wh〕は

$$P_W=\sum P(v_i)\times 8\,760\times F(v_i) \tag{4.4}$$

で計算される。

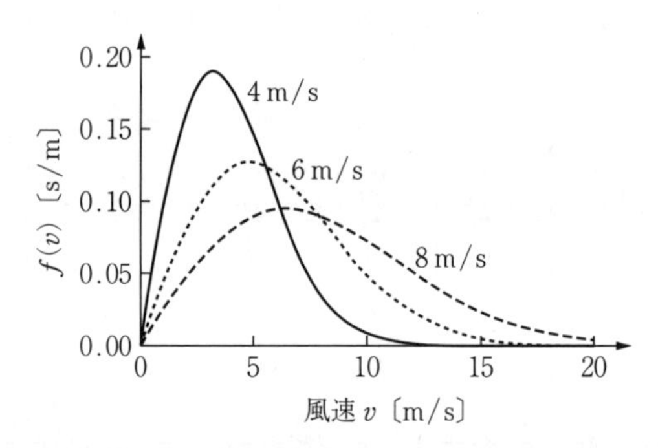

図 4.15　風速に対するレイリー分布の例

4.4　風車の変換効率

4.4.1　理　論　効　率

風が持つエネルギーを風車で 100％取り出せるわけではなく，限界値がある。これを**パワー係数** C_p（power coefficient）を使って次式のように表せる。

$$P=C_p\times\frac{1}{2}\times\rho A v^3 \tag{4.5}$$

このパワー係数の最大値は理論的に16/27=0.593であることをドイツのベッツが示した。すなわち，風のエネルギーを風車の回転力として変換するとき，ブレードを通過した後の風速が元の風速の1/3のときに最大のパワーが取り出され，その理論効率に相当する。

4.4.2 風車の出力係数

実際の風車ではさらに効率が低下し，パワー係数は0.3～0.5程度の値が得られる。**図4.16**にパワー係数C_p=0.45とした場合の風速に対し風車より得られるエネルギーの計算例を示す。また，各種風車のパワー係数の例を**図4.17**

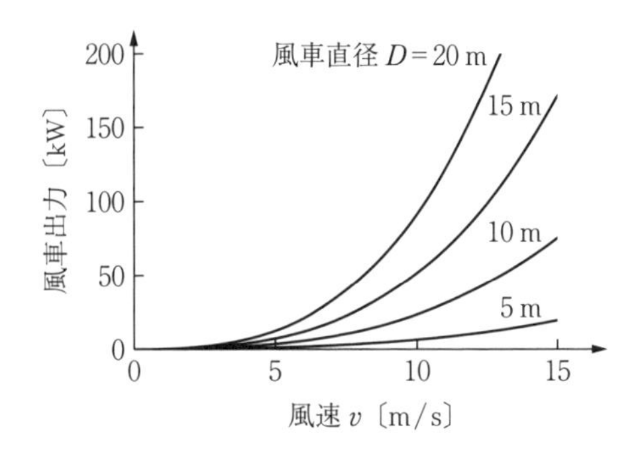

図4.16　風車より得られるエネルギー

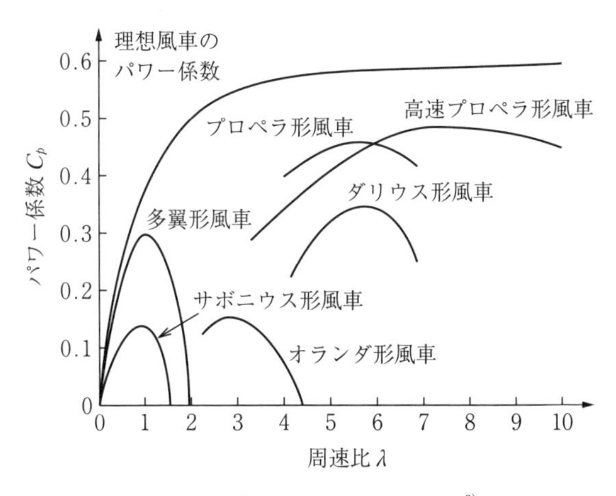

図4.17　種々の風車のパワー係数[3)]

に示す。ここで，**周速比** λ（tip speed ratio）は風速に対する風車のブレード先端の速度との比を言い，次式で示す。

$$\lambda = \frac{\omega R}{v} = \frac{2\pi n R}{v} \tag{4.6}$$

ここで，ω は風車ロータの回転角速度〔rad/s〕，R はロータ半径〔m〕，n は風車の回転数〔rps〕である。図 4.17 より，プロペラ形はほかの風車に比べて周速比とパワー係数が大きいことがわかる。これは，高速回転に適した風車であることを示している。

4.4.3　風力発電の効率

図 4.18 に風力発電の構成要素と各要素の効率を示す。風車で得られた回転力は，ギアボックスで増速し，発電機に伝達され電気エネルギーに変換される。

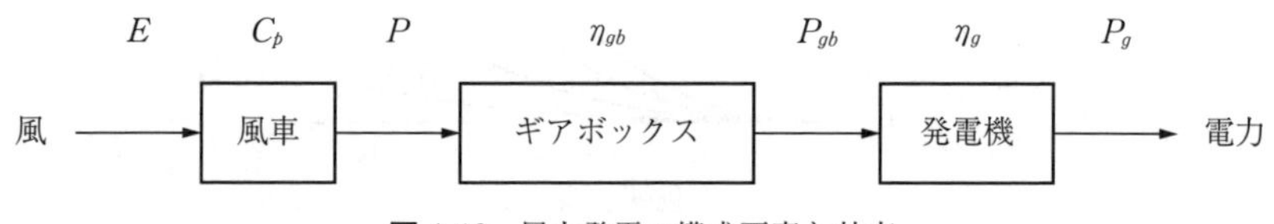

図 4.18　風力発電の構成要素と効率

風が風車の受風面積を単位時間当たりに通過するエネルギーを E，風車の効率（パワー係数）を C_p，ギアボックスの効率を η_{gb}，発電機の効率を η_g とすると，発電機より得られる出力 P_g〔W〕は次式で得られる。

$$P_g = C_p \eta_{gb} \eta_g E \tag{4.7}$$

例題 4.2　定格風速が 12 m/s，ロータ直径が 60 m のプロペラ形風車において，風車のパワー係数が $C_p = 0.45$，ギアボックスの効率が $\eta_{gb} = 0.9$，発電機の効率が $\eta_g = 0.9$ とする。この風力発電全体の効率および定格風速時の発電出力はいくらか求めなさい。ただし，空気の密度は $\rho = 1.224$ kg/m^3 とする。

解答

この風力発電全体の効率 η は

$$\eta = C_p \eta_{gb} \eta_g = 0.45 \times 0.9 \times 0.9 = 0.365$$

発電出力は

$$P_g = C_p \eta_{gb} \eta_g E = \eta \times \frac{1}{2} \rho A v^3 = 0.365 \times \frac{1}{2} \times 1.224 \times \left(\pi \times 30^2\right) \times 12^3$$

$$= 1\,091\,000 \text{ W} \quad (1\,091 \text{ kW})$$

4.5 風車の構造と回転力

4.5.1 風車の構造

図4.19にプロペラ形風力発電の構造例を示す。ブレードは風車の羽根であり，ガラス強化プラスチックなど軽量で強度の強い材料で作られる。大形の風車ではブレード長が数十mに達し，輸送や施工上の問題も生じる場合がある。ハブはブレードを固定しブレードからの回転力を回転軸へ伝える部分である。ブレードとハブを合わせて回転する部分をロータと呼ぶ。増速機（ギア）は，ロータの回転数を発電機が必要とする回転数に増速するためのものである。発電機は回転力を電気エネルギーに変換する部分である。ナセルは風車の胴体部分で，増速機，発電機，制御装置などを収納する。制御装置は発電機の制御の

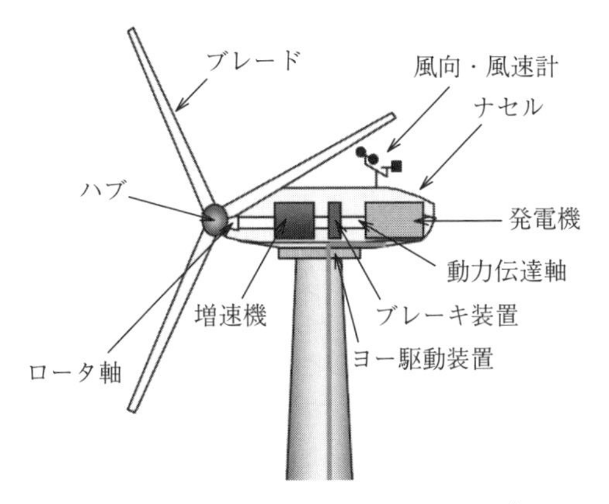

図4.19 プロペラ形風力発電の構造例[4)]

ほか，ピッチ制御（ブレードの角度の制御）・ヨー制御（風車の方向制御）も備えるものが多い。タワーは多くの場合，円筒状のスチール製である。

4.5.2 風車の回転力

プロペラ形風車の回転力はおもに**揚力**を利用して発生させる。**図 4.20** に示すように，風速とブレードの回転に伴う進行速度との合成速度がブレードに作用し，垂直方向の揚力と平行な方向の**抗力**が発生する。この揚力と抗力の合成力の進行方向成分が回転力となる。揚力と抗力は，**図 4.21** に示すように，風の方向に対するブレードの迎え角 α によって変化する。したがって，**ピッチ制御**という方法でブレードの迎え角を調整し，回転力を調整できるようにしている。

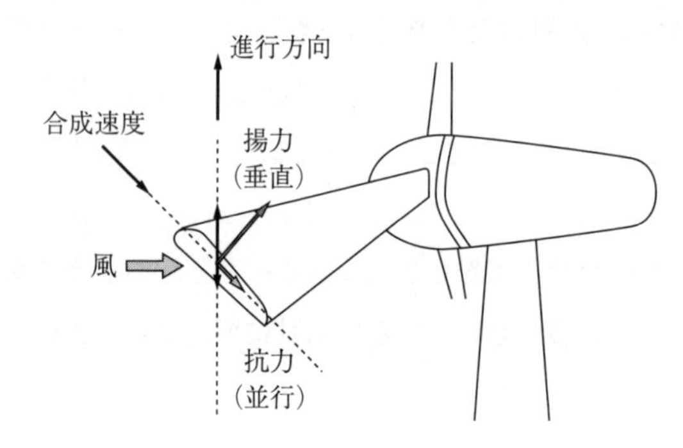

図 4.20　プロペラ形風車の回転力

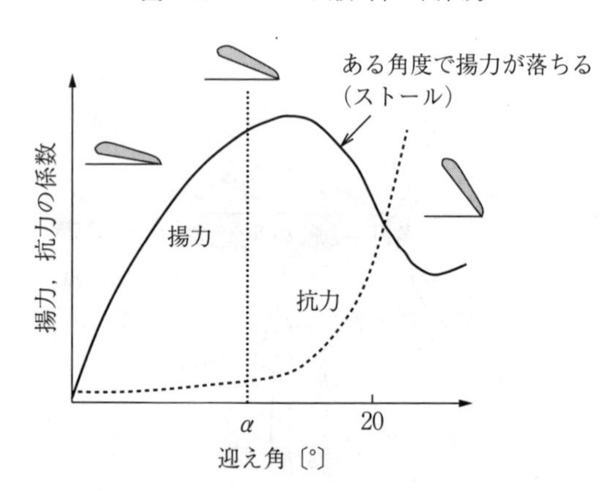

図 4.21　ブレードの迎え角と揚力・抗力

4.5.3 風力発電の出力特性と制御

風力発電の出力特性の例を**図 4.22** に示す。**カットイン風速**は 3 ～ 4 m/s の風速で，発電を始める最低風速である。**カットアウト風速**は発電できる最大風速で，通常 25 m/s 程度である。これを超えると，風力発電は停止し，ブレーキなどを用いてロータが回転しないようにする。**定格風速**は，定格出力が得られる風速であり，12 m/s 程度が一般的である。カットイン風速から定格風速の間は，ほぼ風速の 3 乗に比例した特性，定格風速を超えると，ピッチ角制御などで風のエネルギーを逃がし，定格出力以上を発電しないように制御する。なお，ストール制御と呼ばれる方式で，ピッチ制御の機構を利用せず，ブレードのストール特性（揚力が落ちて抗力が大きくなる）を利用する方法もある。

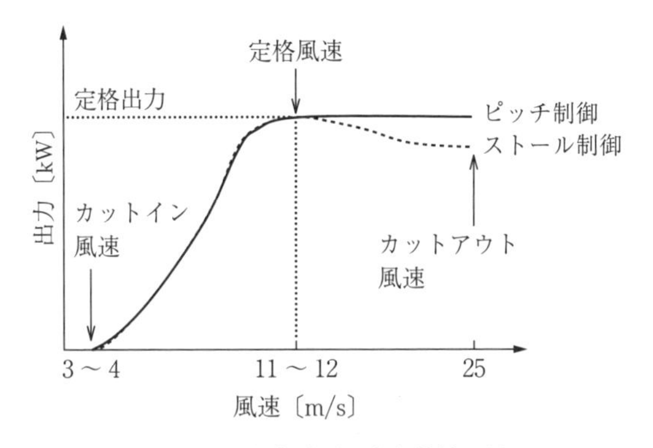

図 4.22　風力発電の出力特性の例

4.6 風力発電の構成

4.6.1 風力発電の種類

風力発電は発電機の種類（同期機，誘導機），系統との連系方式（直結，DC リンク），増速機（ギアボックス）の有無などさまざまな構成がある。これらの代表的なものを**表 4.1** に示す。

これらのうち，広く使われている方式は誘導発電機による AC リンク方式，同期発電機による DC リンク方式，可変速誘導発電機による AC リンク発電方

表 4.1　風力発電の各種構成[5)]

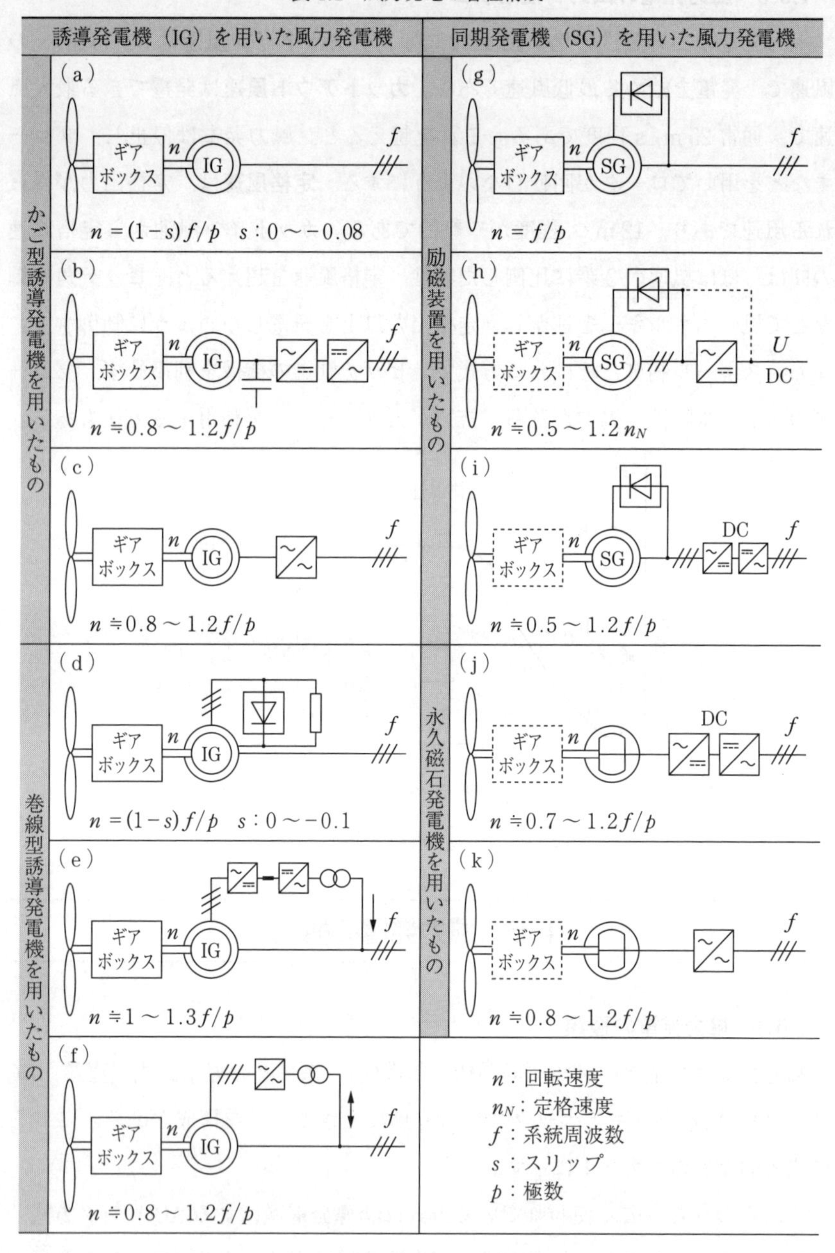

式の3方式である。

4.6.2 誘導発電機による発電

誘導発電機による **AC リンク方式**の構成を**図 4.23** に示す。ブレードは固定翼でストール制御を適用し，増速機は必要である。発電機は誘導機を直接系統に接続してすべりを負で運転させている。

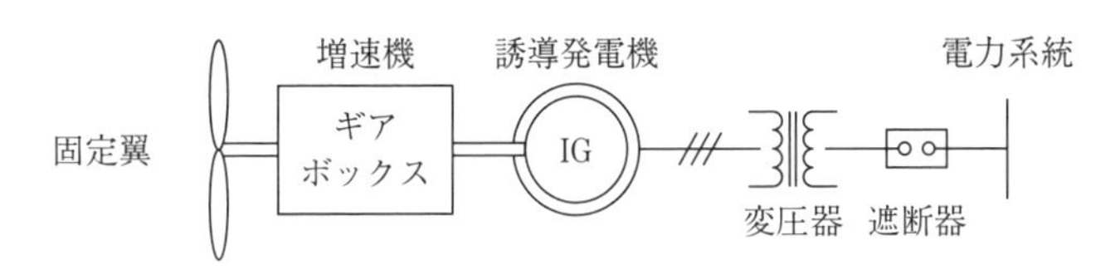

図 4.23 誘導発電機による AC リンク方式の構成

この方式の特徴は，電動機としても広く使われているかご形誘導機を利用でき，構造面で堅牢，構成がシンプルで安く構成できる点にある。一方，誘導機の励磁電流のため，電力系統から無効電力をつねに必要とし，また，系統に接続する際に大きな突入電流が発生する問題がある。無効電力に関しては進相コンデンサにより補償するのが一般的で，突入電流の問題はサイリスタスイッチなどを利用したソフトスタート方式などの対策がとられている。原理的に固定速であり，発電効率は可変速方式に比べ劣るため，最近の大容量機では採用されなくなっている。

4.6.3 同期発電機による発電

同期発電機による **DC リンク方式**の構成を**図 4.24** に示す。ブレードは可動翼でピッチ制御を適用し，増速機は不要である。発電機は多極の同期機を利用

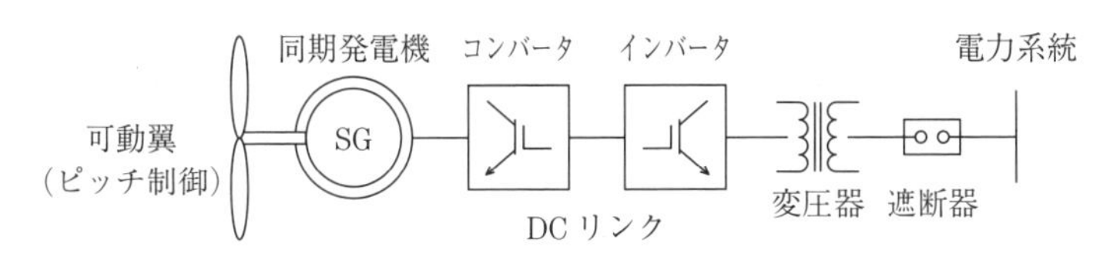

図 4.24 同期発電機による DC リンク方式の構成

し，発電した電力をDCリンク部でいったん直流に変換しさらにインバータで系統に接続して運転している。

この方式の特徴は，DCリンクを介することで，風車の翼および発電機の回転数を風速に応じて可変にでき，風車効率が高いことが挙げられる。また，DCリンク部で系統側へ送る電力の制御ができるため，出力変動を小さくでき，起動時（系統連系時）の系統側への影響を小さくできる利点もある。一方，DCリンク部には発電機と同容量の変換器が必要であり，価格を高める要因となる。

4.6.4　巻線型誘導発電機による発電

巻線型誘導発電機による二重給電方式の構成を**図4.25**に示す。ブレードは可動翼でピッチ制御を適用し，増速機は必要である。発電機は巻線型の誘導機を利用し，回転子巻線には低周波の励磁を加えて回転数を可変にしながら運転している。

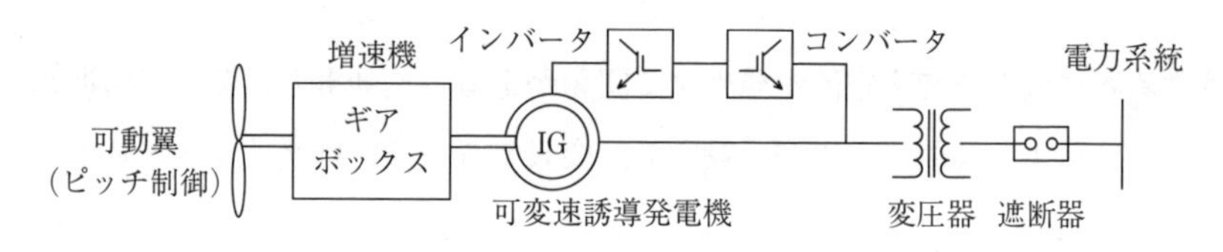

図4.25　巻線型誘導発電機による二重給電方式の構成

この発電方式の特徴は，風車の翼および発電機の回転数を風速に応じて可変にでき，効率が高いことが挙げられる。また，回転子側の励磁制御により電力系統へ接続する際の影響を小さくできる点が挙げられる。一方，回転子を励磁するためのインバータ-コンバータが必要であり，この容量は定格回転速度に対する可変速の幅の比にほぼ対応し（例えば，10%の可変速幅が必要なら変換器の容量は発電容量に対しておよそ10%），その分高価となる点が課題である。

4.6.5　可変速の利点

可変速方式では，風速の変動に対してロータの回転数を変えることができる。その結果，**図4.26**に示すように，風車効率の良い回転数で運転すること

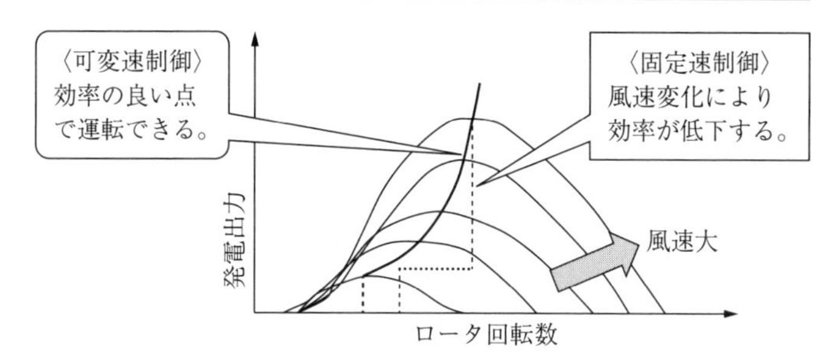

図 4.26　ロータ回転数と発電出力の関係

ができ，発電量を大きくすることができる。また，風速変動に対してロータの回転数を変えることで出力電力の細かな変動分を吸収することができる。

4.7　風力発電システムの系統連系

4.7.1　系統連系のシステム構成

風力発電を電気系統と連系して運転するためには，一般的に**図 4.27** に示すシステム構成がとられる。発電機で発電した電圧は数百 V の低電圧である場合が一般的であり，系統と連系するために変圧器で昇圧する。さらに，運転停止時や装置の故障時に系統から切り離すための遮断器が挿入される。また，これらを操作制御するための計算機および系統連系装置・保護装置が設けられる。

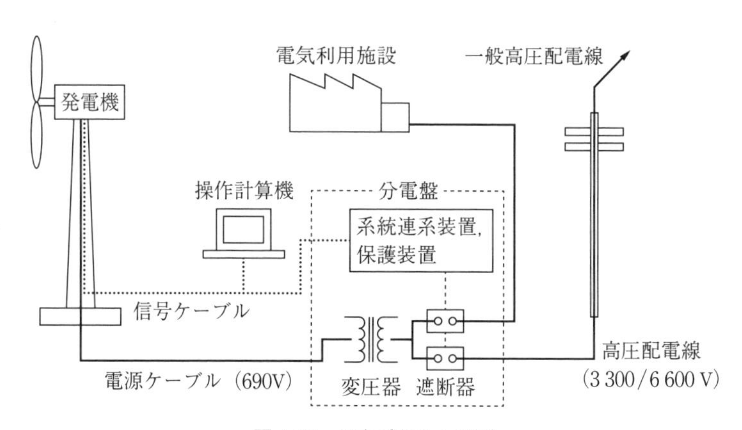

図 4.27　電力系統との連系

4.7.2　風力発電システムの制御・保護

ピッチ角制御を採用している風力発電では，定格出力より小さい領域ではピッチ角は大きく変化せず，回転数制御で風車効率の良い運転動作点を維持する。しかし，定格出力を超える領域では，発電出力が定格を超えないようにピッチ角制御で風を逃がし，一定の出力となるよう制御する。このような制御システムの構成例と制御の原理を**図 4.28** に示す。

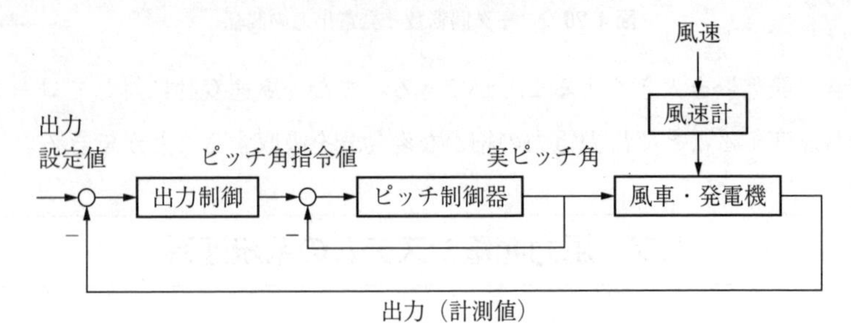

（a） 制御システムの構成

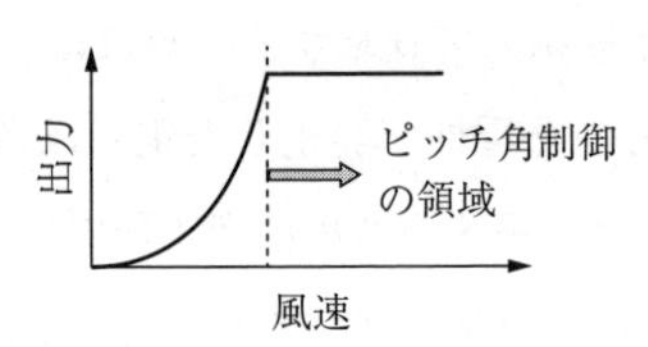

（b） 出力制御の原理

図 4.28　風力発電の出力制御

構　内：過電流継電器，地絡過電流継電器 **系統連系保護**：過電圧継電器，不足電圧継電器，過周波数継電器，不足周波数継電器 **風　車**：強風（60 s，25 m/s），異常強風，危険強風 ロータ過回転，発電機過回転，振動センサ，コンタクタ異常，固定子温度高，ブレーキ異常・磨耗，油圧異常（潤滑油，ブレーキ油），ヨーモータ過熱，軸受温度異常，ナセル内温度異常（80，−30℃），制御電源喪失，風速計異常

図 4.29　風力発電システムの保護

風力発電システムに備えられている保護としては，通常の発電装置同様の系統連系保護機能のほか，構内および発電機の地絡・短絡を保護するための継電器，さらに，風車の機械的な異常を保護する継電器が備えられている。これらの例を**図 4.29** に示す。

4.7.3 系統連系にかかわる課題

風力発電システムはDCリンク方式など系統連系の形態が従来の火力発電所などと異なるうえに，需要地の近傍に設置される場合がある。このため，系統連系にかかわる新たな課題が生じるようになった。このような課題として以下の例が挙げられる。

（1） 単独運転の発生

何らかの原因で系統側の保護継電器が動作し，風力発電を含む近傍の配電線が，系統から切り離され，単独状態となる場合がある。このような状態で風力発電の運転を継続すると，消防活動への障害，配電線点検の安全確保の障害，自動再閉路時の非同期連系などさまざまな障害となりうる。そのため，単独運転となった場合には，速やかにこの状態を検出して発電を停止するような保護継電器が必要である。

（2） 系統への直流流出

DCリンク部や可変速機用のコンバータ部など，直流を交流に変換する装置が系統に接続されるようになる。これらの装置の故障により，直流成分が配電系統に流出すると，近傍の配電用変圧器の鉄心の磁気飽和，需要家機器への直流流入などの問題を引き起こす可能性があり，これらを防止するような保護継電器などを適切に設ける必要がある。

（3） ウインドファームにおける課題

多数の風力発電を集中して設置する形態を**ウインドファーム**（wind farm）と呼んでいる。大規模なウインドファームが接続されたり，風力発電が大量に普及するようになると，以下のような課題が生じる可能性がある。

① 一斉解列時の電圧変動：急激な気象条件の変化などにより，ウインド

ファーム内の風力発電が一斉にカットアウトするような状況が生じる場合がある。これに伴い配電系統の電圧も大きく低下するが，配電用変電所の変圧器のタップ制御はこのような急激な変動には追従できないため，一時的に電圧が通常の運用幅を超過する可能性が生じる。

② 一斉投入時の電圧変動：系統側が正常に復帰した後，風力発電も一定時間後に再投入し運転を再開する。このような場合，発電出力が急激に増加して系統電圧も変動するが，電圧制御が追従できない場合がある。

③ 出力変動に伴う電圧変動：風速はつねに変動し，それに伴い風力発電の出力もつねに変動する。**図 4.30** に示すように，1日のうち定格出力付近で運転する時間帯もあれば，まったく発電しない時間帯もあり，さらに，短時間に大きく変動する時間帯もある。この結果，風力発電が系統の末端などに接続されていると電圧変動も引き起こされる。特に，周期の短い変動分は系統側で対策することが難しく，静止形無効電力補償装置などにより電圧変動を抑制することが必要になる場合もある。

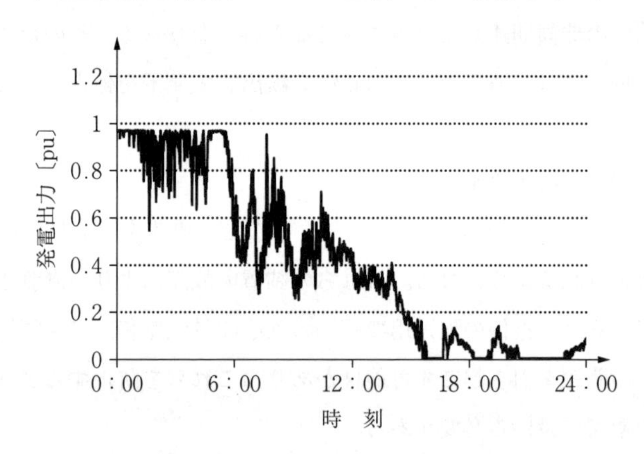

図 4.30　ウインドファームの発電出力例

④ 大量普及時の系統に与える影響：出力変動の規模が大きくなると，系統全体の需給バランスを崩す原因となり，周波数変動を小さく抑えることが困難となる。また，風力発電の発電量の増加が，周波数調整を担って

いる火力発電の運転台数を減らすことになり，周波数制御がますます困難になる。これらの対策として，電力会社の指定する期間は出力制限をかけたり，蓄電池などを利用して風力発電から発生する出力変動そのものを小さくする方法が導入されている[6]。

また，米国や欧州では大量の風力発電が偏った地域に導入された結果，送電線の送電容量が不足して，発電量が制限されるような状態も起きている。

4.8 導入状況・開発状況

(1) 日本における導入状況

図 4.31 に日本における風力発電の導入量の推移を示す。2000 年ごろから導入量の伸びが大きくなり，2014 年度末における設備容量は 300 万 kW（3 GW）弱である。風力発電は太陽光発電などと並び長期エネルギー需給見通し（資源エネルギー庁）において今後も導入量が伸びることが期待されている。地域的には北海道や青森県の導入量が多く，鹿児島県，秋田県，福島県，静岡県が続いている[7]。

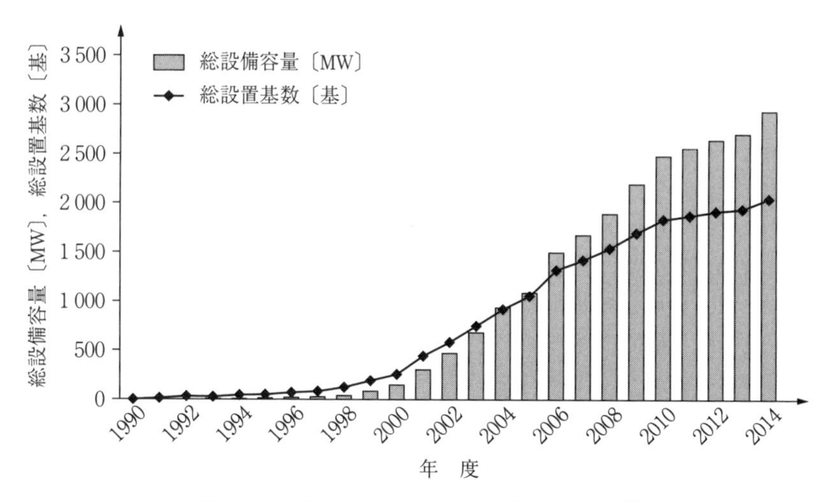

図 4.31 日本における風力発電の導入量の推移[7]

風力発電に関する技術開発では新エネルギー・産業技術総合開発機構の支援などにより，1981～1986年に100 kW級パイロットプラントの開発が行われ，続いて1998年にかけて500 kW級風車の開発，さらに2 MW級の風車開発などが行われた。また，1991年以降では集合形風力発電（ウインドファーム），離島用風力発電，系統安定化機能を備えたシステムの研究開発が進められた。2010年以降では，洋上風力発電技術開発や超大型風力発電システムの開発を実施している。

なお，風力発電開発における日本固有の課題としては，以下のようなものが挙げられる。

風車と風力発電の歴史

人類が風力を利用し始めたのは古代エジプトに遡り，約3 000年前に建設されたかんがい用途の風車の基礎部分が発掘されている。ほぼ同じころにペルシャで製粉用途に使われた記録がある。また，インド，中国でも使われていた痕跡がある。約2 000年前にはギリシャ風車（セイルウイング形）が使われるようになり，現在でもエーゲ海の島々では見ることができる。

地中海一帯で発達した風車はスペイン，ポルトガル，イタリアを経て北上し，中世にはヨーロッパ一帯に普及したと考えられている。風が強く低地が多い北海に面したオランダ近辺の諸国では風車が12～13世紀ごろから普及し始め，特にオランダではかんがい，揚水，製粉の動力源として16世紀よりオランダ風車が広く普及し始め，19世紀には9 000台が稼働していた。

風車を利用した発電が行われるようになったのは，1891年にデンマークで風力発電研究所が設立されたのが初期である。ほぼ同時期に，イギリスや米国でも風力発電が開始されている。1940年代に入ると，流体力学や空気力学の発展とともに風力発電用タービンも大型化が進み，1941年には米国で1 MWを超える風力発電が稼働している。

1960年代に入り，石油が全盛期を迎えると，使いにくい風力発電の開発は停滞期に入る。しかし，1970年代のオイルショックで再生可能エネルギーである風力発電が見直され，さらに空気力学の知見も風力発電に応用が進み，高性能な風車ができるようになった。

① 山岳地域など複雑な地形では，風速や風向の変動が大きく羽根の疲労損傷の可能性がある。

② 台風，着雪，着氷，塩害や落雷など気象条件が厳しい。

③ 風車の設置場所と電力利用地域との距離が長く，送電コストが高くなる。

④ 風車設置の候補地が国立公園などの自然公園にあたる可能性があり，建設に関する法的制限がある。

（2）　世界における導入状況

図 4.32 に世界における風力発電の導入量の推移を示す。2000 年代後半より，中国や米国の導入量が顕著に伸びている。ドイツや英国は近年洋上ウイン

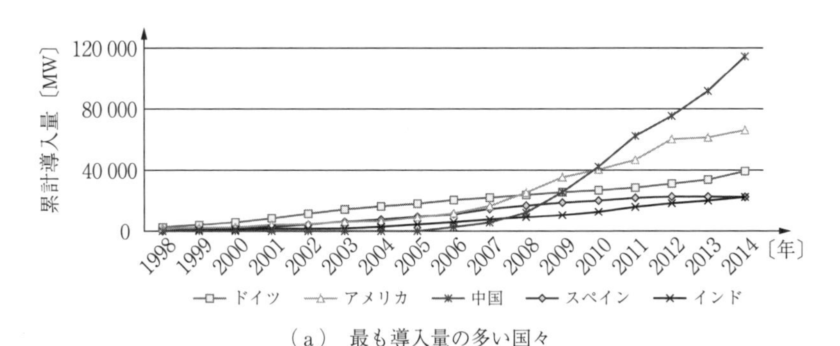

（a）　最も導入量の多い国々

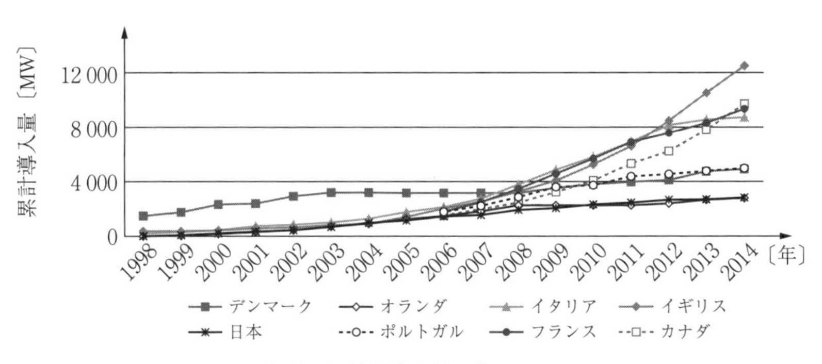

（b）　比較的導入量の多い国々

図 4.32　世界における風力発電の導入量の推移[4), 8)]
〔出典：GWEC, “Global wind report annual market update”, および，新エネルギー・産業技術総合開発機構編，「風力発電導入ガイドブック」（2005 年 5 月）を元に著者作成〕

ドファームの導入が目覚ましく，遠浅で風況の良い北海に多数の計画があることより今後も導入量は伸びていくものと予想される。これに対してスペインは陸上のウインドファームが中心である。世界全体の累積導入量は2014年末で370 GWである[8)]。

章　末　問　題

【4.1】 大都市の中心部と平野部の草原において，地上から10 mの高さの風速を計測したところ，いずれも6 m/sであった。地上高60 mにおける風速をそれぞれ求めなさい。

【4.2】 受風面の半径30 m，回転数20 rpmの風車が風速12.5 m/sで運転しているときの周速および周速比を求めなさい。

【4.3】 定格風速12 m/s，定格出力1 MWの風力発電システムがあり，その風車のパワー係数が$C_p=0.4$，ギアボックスの効率$\eta_{gb}=0.9$，発電機効率$\eta_g=0.95$とする。ロータ直径はいくらになるか求めなさい。ただし，空気の密度は$\rho=1.224$ kg/m^{3}とする。

【4.4】 プロペラ型風力発電を構成する以下の要素について，簡単に説明しなさい。
　ブレード，ハブ，増速機，発電機，ナセル

【4.5】 代表的な風力発電システムの形式（翼の制御方式，増速ギアの有無，発電機方式などの組合せ）を3種類示しなさい。また，その中から，自身が優れていると考える方式とその選定理由を簡単に説明しなさい。

【4.6】 風力発電システムまたはウインドファームを系統連系するにあたり，考慮すべき課題の例を二つ挙げ，それぞれの対策について簡単に説明しなさい。

第5章

小水力発電

水力発電（hydroelectric power）とは，水の力学的エネルギーを水車の羽根車に作用させ，その回転力を利用して発電機を稼働させる発電方式である。その特徴は，発電時に二酸化炭素を出さない再生可能エネルギーである，単位出力当たりのコストが太陽光などに比べて安い，安定した電力が供給できるなどが挙げられる。

水力発電のうち，容量の大きなものは発電事業に利用されているが，出力 30 000 kW 未満のものを小水力発電，特に，100 kW 未満のものをマイクロ水力発電と呼んでいる。本章では，水力発電全体に共通する水車に関する基礎理論，水車の種類，変換効率について説明し，小水力（マイクロ水力）の適用先，適用状況についても解説する。

5.1 水車の基礎理論

5.1.1 管路形水車の出力

管路形水車は，水の落差を利用する水車であり，エネルギー源である水は**図 5.1** に示すように水圧管（圧力管）を経由して取水口から水車まで送られる。ここで使われる水車は，反動水車と衝動水車に大別される。

反動水車：水の位置エネルギーを速度と圧力のエネルギーに変換して水車の羽根に作用させる方式。

衝動水車：水の位置エネルギーをノズルによって速度エネルギーに変換し，高速度の噴流を羽根に与え衝撃力で水車を回転させる方式。

つぎに，水の持つエネルギーの計算方法を示す。総落差を H_t〔m〕，取水口

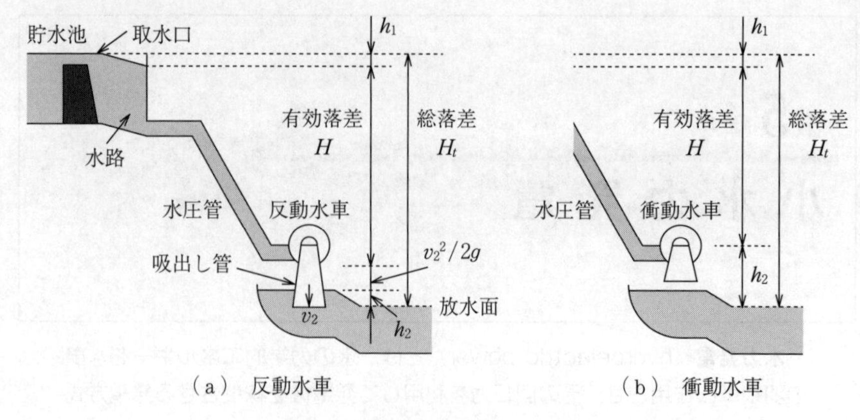

図 5.1　管路形水車の構成とヘッド

から水路および水圧管での摩擦による損失ヘッドを h_1〔m〕，吸出し管出口の速度損失ヘッドを $v_2^2/2g$〔m〕，放水路の損失ヘッドを h_2〔m〕とすると，**有効落差** H〔m〕は以下で示される。

反動水車の場合

$$H = H_t - \left(h_1 + \frac{v_2^2}{2g} + h_2\right) \tag{5.1}$$

衝動水車の場合

$$H = H_t - (h_1 + h_2) \tag{5.2}$$

水車に流入する水の流量を Q〔m^3/s〕，水の密度を ρ〔kg/m^3〕，重力加速度を g〔m/s^2〕とすると，水車の理論的な最大出力 P_{th}〔W〕は，次式となる。

$$P_{th} = \rho Q g H \tag{5.3}$$

水車には流体摩擦損失や軸受の機械損失などが存在する。**水車の全効率**を η とすると，正味出力 P〔W〕は，次式となる。

$$P = \eta \rho Q g H \tag{5.4}$$

ただし，全効率 η は水力効率（水車のケーシングや吸出し管内の損失による）η_h，体積効率（水車に流れ込む流量に対する漏れ量による）η_v および機械効率（軸受などの摩擦損失による）η_m の積で与えられ，次式となる。

$$\eta = \eta_h \eta_v \eta_m \tag{5.5}$$

例題 5.1　有効落差 10 m，水車に流れ込む水の流量が $5\ \mathrm{m^3/s}$ であるとき，この水車の最大正味出力はいくらか求めなさい。ただし，水車の全効率 $\eta=90\%$，水の密度 $\rho=1\,000\ \mathrm{kg/m^3}$ とする。

解答

式 (5.4) より

$$P=\eta\rho QgH=0.9\times1\,000\times5\times9.8\times10=441\,000\ \mathrm{W}\ \ (441\ \mathrm{kW})$$

5.1.2　開水路形水車の出力

開水路形水車では，ダムや貯水池を利用せずに，農業用水や工業用水などの流れをそのまま利用する。水の落差と運動エネルギーを利用して水車を駆動する。**図 5.2** において水車の十分上流の流速を v_1，基準面から上の水面までの高さを z_1，水車の下流側の流速を v_2，水車の下流側の水深を z_2 とすると，水車前の全ヘッドは

$$h_{t1}=z_1+\frac{v_1^2}{2g} \tag{5.6}$$

水車後の全ヘッドは

$$h_{t2}=z_2+\frac{v_2^2}{2g} \tag{5.7}$$

したがって，**有効落差**は次式で与えられる。

$$H=h_{t1}-h_{t2} \tag{5.8}$$

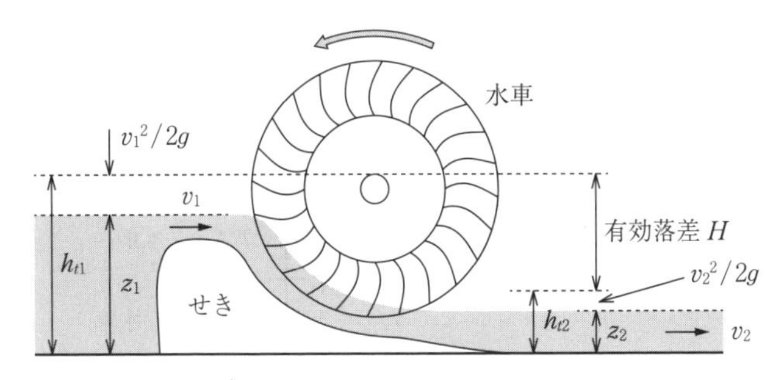

図 5.2　開水路形水車の構成とヘッド

この有効落差を使い，理論最大出力 P_{th}，正味出力 P を式 (5.3)，(5.4) を用いて計算することができる。

5.1.3　水車の相似則と比速度

形状が同じで寸法（容量）の異なる2種類の水車があるとき，水車内の流れや水車の特性は相似の関係となる。いま，水車の回転数を n〔rpm〕，有効落差を H〔m〕，出力を P〔kW〕とすると，以下の関係が成り立つ。

$$n \propto \frac{H^{5/4}}{P^{1/2}} \tag{5.9}$$

落差 $H=1$ m，出力 $P=1$ kW での回転数を**比速度** n_s と言い，次式で示す。

$$n_s = n\frac{P^{1/2}}{H^{5/4}} \tag{5.10}$$

比速度 n_s の単位は一般的に〔m-kW〕である。各種水車の特性を表す際のパラメータとして用いる（5.3.1 項参照）。

5.2 水 車 の 種 類

発電出力を大きくするためには有効落差が大きいことが好都合であり，発電用の水車は有効落差を活用しやすい管路形の水車が多く用いられる。管路形水車は衝動水車と反動水車に大別されるが，さらに，**図5.3** に示すように多数の種類に分類される。そのほかの種類では，開路形水車に用いられ水の流れを利

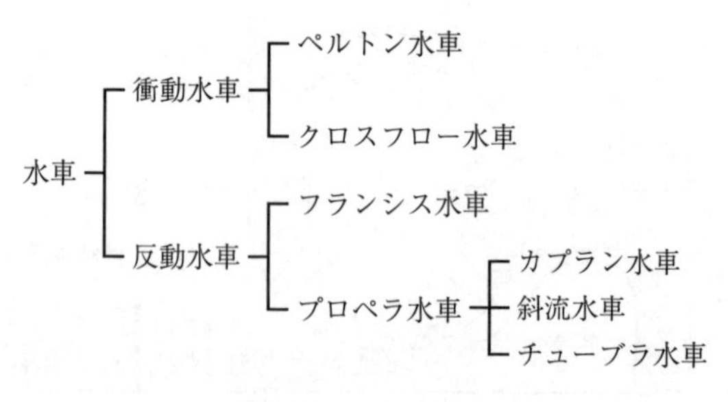

図5.3　水車の種類

用する周流水車や，水が落下する重力を利用する重力水車もある。

（1） **ペルトン水車**

落差 50 ～ 2 000 m で，比較的流量が小さい場合に適する水車である。マイクロ発電用途ではさらに低落差でも用いられることがある。高所にある水の位置エネルギーを，水圧管を介して水車まで送り，**図 5.4** に示すように，ノズルで速度エネルギーに変換し，バケットに衝突させて衝撃力で回転させる。ノズルからの噴出流量はニードル弁によって調整することができる。

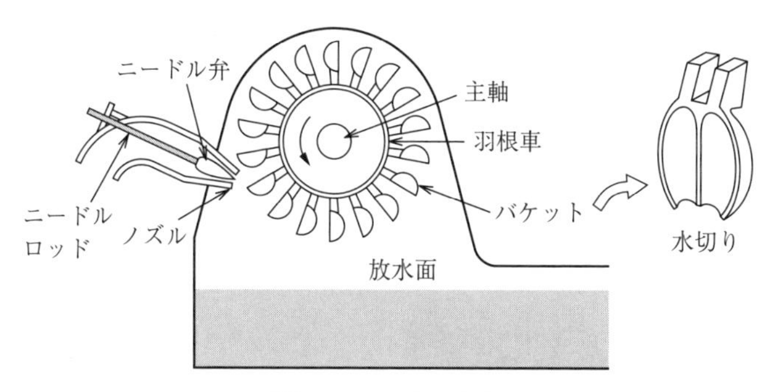

図 5.4 ペルトン水車

（2） **クロスフロー水車**

落差 5 ～ 100 m で，比較的小流量のマイクロ水力発電に用いられる水車である。フラップ式の案内羽根と 20 ～ 30 枚の羽根車から構成される。流入管からの水は，**図 5.5** に示すように，案内羽根で上下の流路に分けられ，加速流となって羽根車に流入する。一部は（反転流）羽根車から流出し，残りは（横断

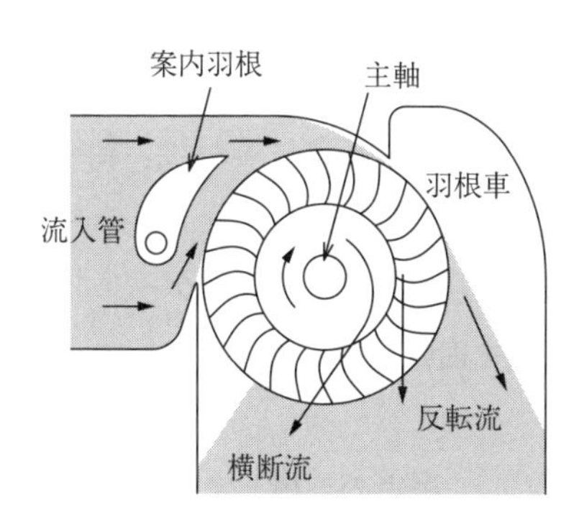

図 5.5 クロスフロー水車

流）羽根車の内部に入り再び羽根車に回転力を与えて外部へ流出する。

（3） フランシス水車

落差 30 ～ 700 m で，効率が良く大型水力発電にも広く用いられる。**図 5.6** に示すように，渦巻形の管（ケーシング）に導かれた水が徐々に加速され，水の圧力ヘッドが速度ヘッドに変換されて，羽根車の外周から中心に流入する。水が羽根車を通過する際に圧力と速度が変化し，回転力を与える。羽根車を通過した水の速度エネルギーを無駄にしないように，吸出し管の断面積を徐々に増大させて流速を下げるようにしている（速度エネルギーを位置エネルギーに回復）。

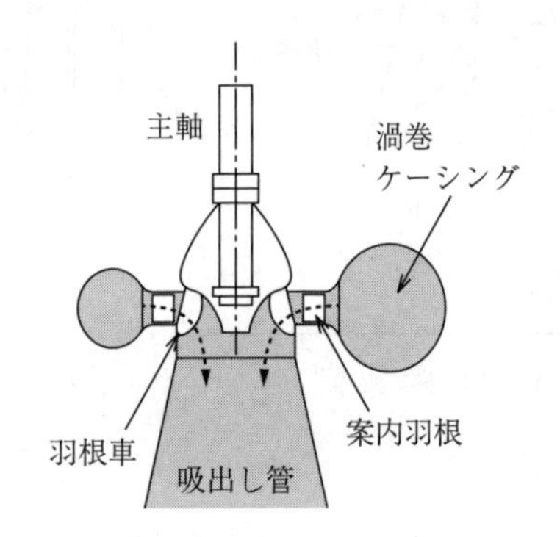

図 5.6　フランシス水車

（4） プロペラ水車，カプラン水車

プロペラ水車は，羽根車を羽根車ボスに固定したもの，カプラン水車は負荷や落差の変化に応じて羽根の傾き角を調整できるようにしたもので，いずれも落差 10 ～ 80 m に適する。**図 5.7** は立て軸形カプラン水車（羽根車ボス内に傾き角の調整装置を備える）である。

渦巻ケーシングから案内羽根を介して水が中心部に導かれ，案内羽根出口から羽根車の出口までの間に，水は主軸方向に曲げられ半径方向の速度成分は無くなり，羽根車を回転させる。横軸形の場合には，渦巻きケーシングを使用せず，単純に軸に沿って水を流し羽根車を回転させる場合もある。

（5） チューブラ水車

落差 20 m 以下に適する水車である。羽根車の羽根と案内羽根が可動となっ

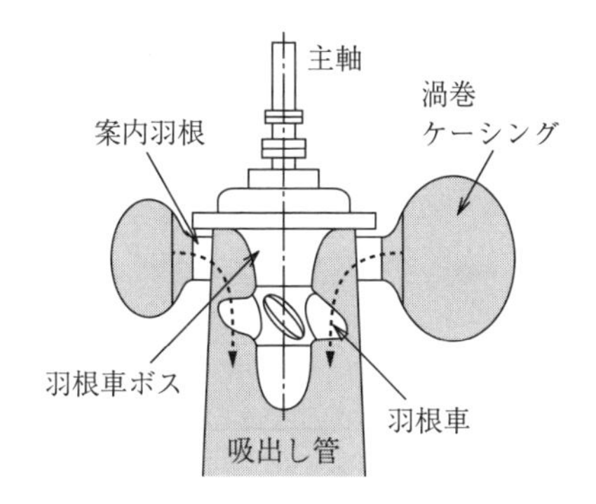

図 5.7 カプラン水車

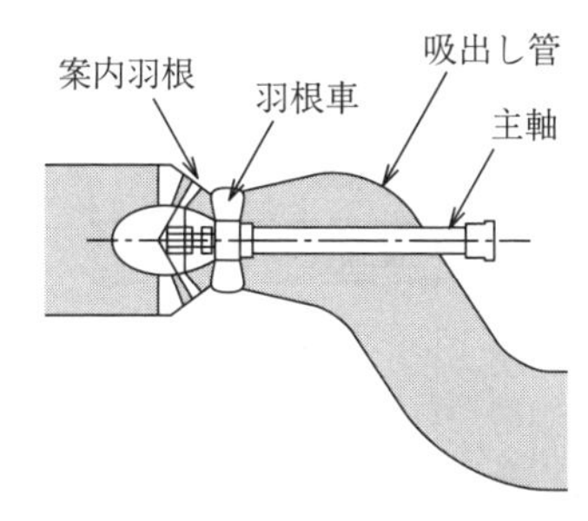

図 5.8 チューブラ水車

ており，羽根の枚数は 4 ～ 5 枚である。効率を上げるため吸出し管を長くとっている（**図 5.8**）。

（6） その他の水車

これまで挙げたもののほかに，以下のようなものがある。

・斜流水車（フランシス水車とプロペラ水車の中間）

・ダリウス水車（水の落差が小さいときに用いる）

・サボニウス水車（水路における流れの運動エネルギーを利用する）

5.3 変 換 効 率

5.3.1 水車の変換効率[1), 2)]

図 5.9 に，3 種類の水車の**比速度**に対する最大効率 $\eta_{h,max}$ の関係を示す。いずれの水車も 90％程度の最大効率が得られるが，その時の比速度は大きく異なる。**表 5.1** には，各種水車に適した有効落差および比速度を示す。比速度を

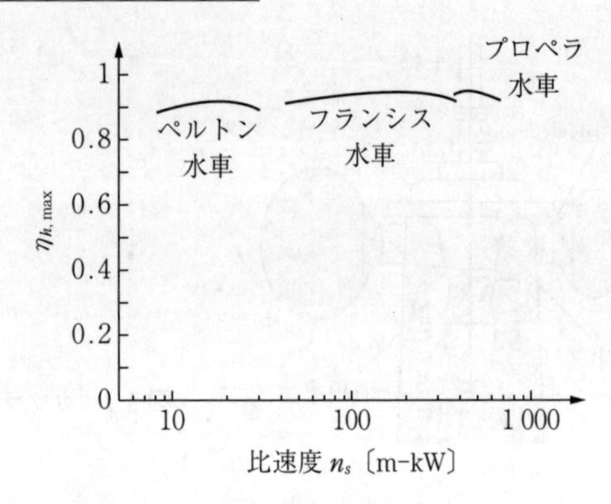

図 5.9　比速度に対する水車の最大効率[1)]

表 5.1　水車の落差と比速度[1)]

形　式	落差 H〔m〕	比速度 n_s〔m-kW〕
ペルトン水車	50 ～ 2 000	8 ～ 30
フランシス水車	30 ～ 700	40 ～ 400
斜流水車	40 ～ 180	100 ～ 350
プロペラ水車 カプラン水車	10 ～ 80	370 ～ 700

用いると，水車の条件より種類を決めることができる。

例題 5.2　有効落差 100 m の地点に，回転数 1 500 rpm，出力 1 000 kW の水車を設置しようとしている。どの種類の水車が適当か求めなさい。

解 答

式 (5.10) より比速度 $n_s = 1\,500 \times 1\,000^{1/2} / 100^{5/4} = 150$ m-kW。表 5.1 より，落差と比速度両方適する水車はフランシス水車または斜流水車である。

5.3.2　変換効率の向上

水車の高出力化や高い変換効率を得るため，以下の検討がなされている。

（1）　ペルトン水車

高出力化のため，一つの羽根車に対するノズル台数を増やす方法がある。ただし，ノズル台数が 5 台以上ではジェット干渉が生じて，効率低下する。

ジェット干渉が生じにくく効率が向上する羽根車やバケットの開発が課題である。

（2） **フランシス水車**

・コンピュータによる流れ解析技術を用いて，広範囲で高効率が得られる羽根形状を開発している。

・主羽根と主羽根の間に短い羽根（スプリッターランナー）を配置し，部分負荷領域での損失を低減している。

・発電機の軸受けに摩耗特性に優れた樹脂系素材を使用し，軸受を小型化することで損失低減する。

5.3.3 水力発電の効率

水力発電の構成の概念を**図 5.10** に示す。水車に加えて発電機では機械的な回転力を電気エネルギーに変換しており，損失を有する。式 (5.5) で示したように，水車の全効率を η とすると，発電電力 P_g〔W〕は水車の理論的な最大出力 P_{th}〔W〕を用いて，次式で表される。

$$P_g = \eta\eta_g P_{th} = \eta\eta_g \rho g Q H \qquad (5.11)$$

ただし，η_g は発電機効率でおよそ 88 ～ 95％の範囲である[2)]。

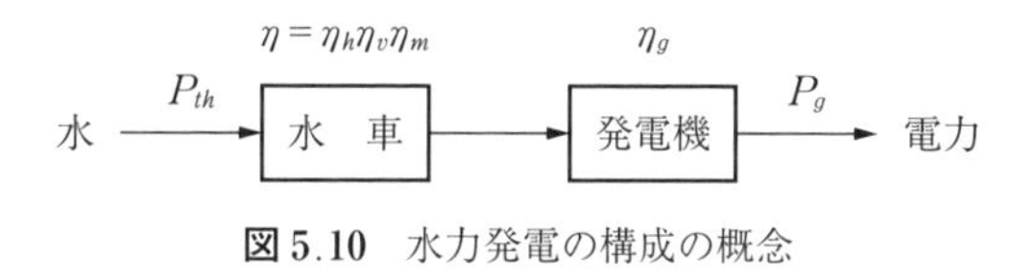

図 5.10 水力発電の構成の概念

5.4 マイクロ水車

5.4.1 マイクロ水力の分類と利用形態

水力発電を発電出力の規模によって分類すると，**表 5.2** のようになる。

本章で扱う小水力は③ 10 000 kW（10 MW）未満の容量であるが，1 000 kW を超える規模では設置される条件が限定され，近年設置されるものは 1 000

表 5.2　水力発電の分類

	分　類	発電出力
①	大水力	100 MW 以上
②	中水力	10 ～ 100 MW
③	小水力	1 ～ 10 MW
④	ミニ水力	100 ～ 1 000 kW
⑤	マイクロ水力	100 kW 以下

kW 以下が多い。そこで，容量 300 kW 程度までの未開発の水力エネルギーの利用の形態を見ていくと以下のような用途に使われている[3)]。

渓流水：渓流を流れる水の一部を導水，または，直接発電装置を設置して発電する。

農業用水：農業用水はもともと水田などに階段状の段差が設けられているため，流量が安定であれば，落差を付けて発電装置を設置，または，流れ込み式の発電が可能である。

上下水道施設

上水道：取水箇所から浄水場（or 配水場）までの落差を利用する。

下水道：処理施設から河川などに放水する間の落差を利用する。

工場など：下水道同様，排水を河川へ放水するときの落差を利用する。工場内で循環する過程で生じる落差を利用（ビルなども）する場合もある。道路や鉄道のトンネルからの湧水を利用する例もある。

ダムの維持放流：ダム直下の河川の減衰を防ぐための維持放流水を利用する。

5.4.2　システム構成

発電設備の構成を**図 5.11** に示す。水車と同軸上の発電機で発電した電力は系統連系保護装置などを納めている配電盤を経由し，変圧器で電圧を昇圧したうえで配電線に接続される。なお，発電機は励磁装置を有する同期機が多いが，小容量の場合には誘導発電機や永久磁石式同期発電機が使われる場合もある。

同期発電機の場合，回転数 n〔rpm〕，極数 p，電力系統の周波数 f〔Hz〕の

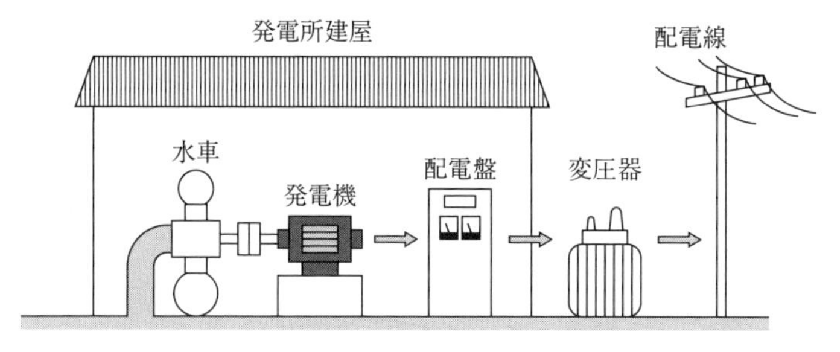

図 5.11 発電装置の構成

間には以下の関係がある。

$$n = \frac{120f}{p} \tag{5.12}$$

5.5 導 入 状 況

日本における導入実績として，30 000 kW 未満の既開発の水力発電を**表 5.3**に，2002 年から 2011 年の 10 年間における導入箇所の推移を**図 5.12** に示す。表 5.2 より，10 000 kW 未満の既開発の水力発電で 1 369 地点，3 517 MW の容量である。10 000 ～ 30 000 kW は地点数は少ないが出力，電力量とも過半を占める。図 5.12 より，近年の水力開発は，1 000 kW 以下の小水力が中心であることがわかる。

環境省の「地球温暖化対策に関する中長期ロードマップ」における 2050 年

表 5.3 30 000 kW 未満の既開発の水力発電[3)]

出力区分	既開発		
	地点	出力〔MW〕	電力量〔億 kWh〕
1 000 kW 未満	495	209	13.3
1 000 kW 以上 3 000 kW 未満	423	755	42.4
3 000 kW 以上 5 000 kW 未満	166	625	32.9
5 000 kW 以上 10 000 kW 未満	285	1 928	99.5
10 000 kW 以上 30 000 kW 未満	367	6 110	284.5
合　計	1 736	9 627	472.6

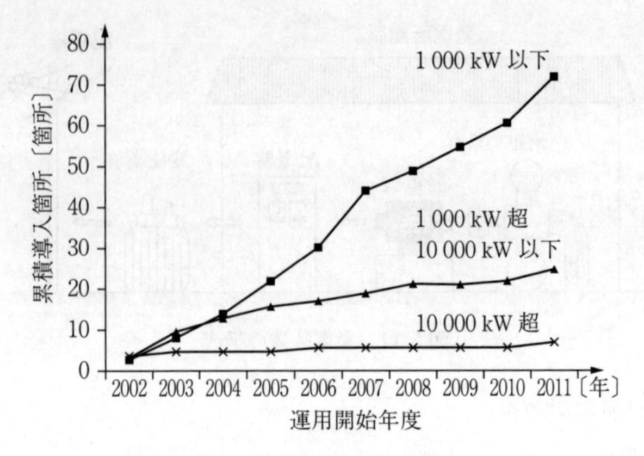

図 5.12　導入箇所の推移[3)]

までの導入見込みを**図 5.13** に示す。今後も大規模水力の容量はほとんど変化しないが，中小水力は増加すると見込まれている。

なお，図 5.13 で示すそれぞれの年の想定は以下となる。

2020 年：温室効果ガスの排出削減量を国内削減 15%，20%，25% と想定。

2030 年：2020 年の対策を 2021 ～ 2030 年も継続して実施する場合を想定。

2050 年：温室効果ガスを 80% 削減するとし，将来の経済や暮らし方が大きく異なる二つの社会を想定。

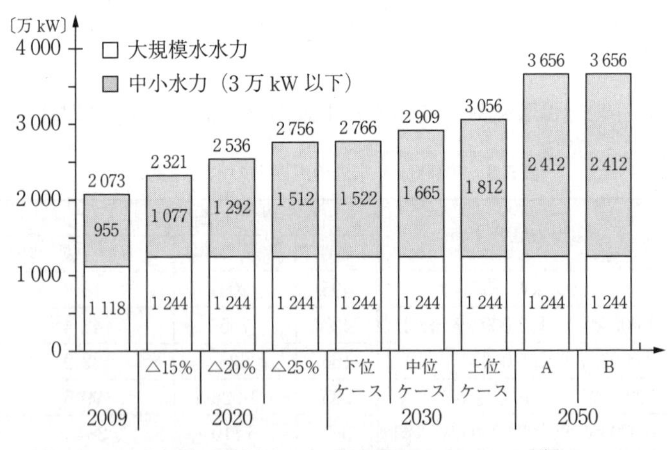

図 5.13　2050 年までの水力発電の導入見込み[3)]

章　末　問　題

【5.1】 有効落差 $H=10\,\mathrm{m}$ のもとで出力 $P=1\,000\,\mathrm{kW}$ の水車を作りたい。所要の流量を求めなさい。ただし，水の密度を $\rho=1\,000\,\mathrm{kg/m^3}$ とし，水車の全効率を $\eta=0.9$ とする。

【5.2】 有効落差 40 m の場所に，出力 1 000 kW，回転数 1 500 rpm の水車を設置する場合，どの種類の水車が適当か求めなさい。

【5.3】 有効落差 H が 38 m で，流量 Q が $10\,\mathrm{m^3/s}$ の水車を用いて発電を行った結果，3 000 kW の電力が得られた。発電機の効率が $\eta_g=0.95$ の場合，水車の全効率を求めなさい。ただし，水の密度は $1\,000\,\mathrm{kg/m^3}$ とする。

第6章 海洋エネルギーによる発電

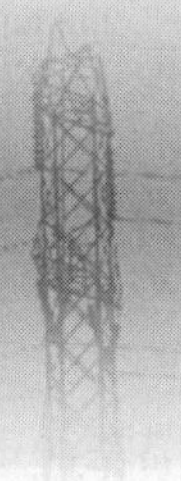

地球の表面積の約70%は海であり，**海洋エネルギー**として膨大なエネルギーがさまざまな形で存在している。これらのうち，発電への利用が進められているものは以下のようなものがある。

・波力発電（波のエネルギーを利用）
・海洋温度差発電（海面表面と深海の温度差を利用）
・潮汐発電（潮の満ち引きに伴う海面の位置エネルギーを利用）
・海流・潮流発電（海流などによる運動エネルギーを利用）

本章ではこれらの発電原理やシステムについて概観する。

6.1 波 力 発 電

波力発電（wave power generation）とは，海面上に吹く風のエネルギーによって波が発生し，その波が有する位置エネルギーと運動エネルギーを利用して発電するものである。

6.1.1 波力エネルギー

日本周辺での波力エネルギーの期待値は，**図6.1**に示すように地域による差はあるが，年平均で波の峰幅あたり13 kW/m程度である。したがって，日本の沿岸のうち波力発電に適する5 000 kmにわたる波力エネルギーは，約6.5×10^7 kWとなる。

波の形状を，**図6.2**に示す正弦波状の規則波と仮定する。このとき，波面の単位面積当たりのエネルギーE〔J/m^2〕は，下記の和で表される。

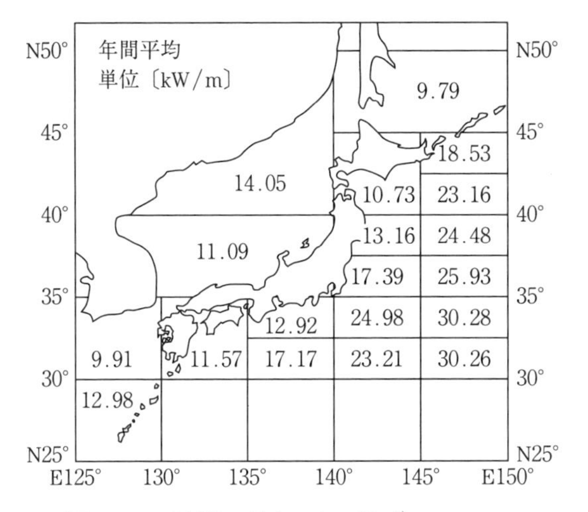

図 6.1　日本近海の波力エネルギー[1)]
〔出典：前田ほか，「波浪発電」，生産研究，
31（11），p.718 より転載〕

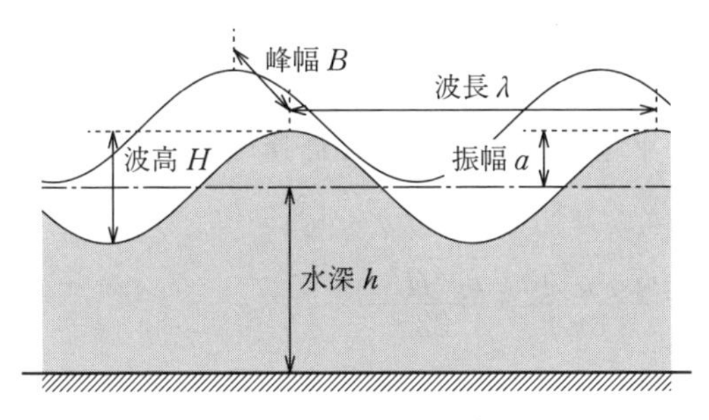

図 6.2　規則波の定義

位置エネルギー E_p

運動エネルギー E_k

それら 1 波長当たりの平均エネルギーをそれぞれ $\overline{E}$，$\overline{E}_p$，$\overline{E}_k$ とおくと

$$\overline{E}=\overline{E}_p+\overline{E}_k=\frac{1}{4}\rho g a^2+\frac{1}{4}\rho g a^2=\frac{1}{8}\rho g H^2 \tag{6.1}$$

となる。なお，振幅 $a=H/2$，ρ は海水の密度〔$\mathrm{kg/m^3}$〕，g は重力加速度〔$\mathrm{m/s^2}$〕である。式 (6.1) より仮定した波の持つ位置エネルギーと運動エネルギーの値は等しいことがわかる。

一般的に単一波は水深で決まる速度 v で伝搬すると考えることができる。微小振幅波の理論により，水深 h〔m〕および周期 T〔s〕が与えられると，波長 λ〔m〕は次式で与えられる。

$$\lambda=\frac{gT^2}{2\pi}\tanh\frac{2\pi h}{\lambda} \tag{6.2}$$

波長 λ と水深 h との比が $0.5<h/\lambda$ の（水深が深い）場合には，$\tanh(2\pi h/\lambda)\fallingdotseq 1$ となり，式 (6.2) は以下となる。

$$\lambda=\frac{gT^2}{2\pi} \tag{6.3}$$

実際に生じる波は，多くの正弦波が重なった合成波である。合成波の包絡線の伝搬速度 v_g を群速度と言う。水深が深い場合，進行波の群速度 v_g〔m/s〕は，波の位相速度 $v(=\lambda/T)$ の半分であり

$$v_g=\frac{\lambda}{2T}=\frac{gT}{4\pi} \tag{6.4}$$

規則波が海面上を通過するときの単位幅，単位時間当たりのエネルギー流速 $\overline{P}_{reg}$〔W/m〕は，平均エネルギー $\overline{\overline{E}}$ と群速度 v_g の積で表され，式 (6.1)，(6.4) より

$$\overline{P}_{reg}=\overline{\overline{E}}v_g=\frac{\rho g^2a^2T}{8\pi}=\frac{\rho g^2H^2T}{32\pi} \tag{6.5}$$

ここで，海水の密度 $\rho=1\,030\ \mathrm{kg/m^3}$ とすると

$$\overline{P}_{reg}=0.984H^2T\ \text{〔kW/m〕} \tag{6.6}$$

実際の海面では不規則波が生じている。N 個の波を観測し，大きい順に並べ，大きいほうから $N/3$ 個の波を有義波と言う。

有義波の波高と平均周期をそれぞれ H_ω〔m〕，T_ω〔s〕とおくと，不規則波のエネルギー流速 $\overline{P}_{irr}$〔kW/m〕は

$$\overline{P}_{irr}=CH_\omega^2T_\omega \tag{6.7}$$

ここで，C 値は工学的に 0.5 程度（規則波の半分程度）である。

例題 6.1 有義波の波高が 2 m，平均周期が 8 s のとき，波のエネルギー流速を求めよ。

解答

式 (6.7) より，以下となる。

$$\overline{P}_{irr} = 0.5 \times 2^3 \times 8 = 16\ \mathrm{kW/m}$$

6.1.2 波力発電システムの原理

波力発電は，波力エネルギーを利用して発電する方法であり，その変換方式は下記に示すように種々のものがある。

（2）～（4）の方式は総称して可動物体方式と呼ぶ場合もある。以下に，各方式の概要を説明する。

（1） 空気タービン方式

浮体式と固定式の 2 種類ある。浮体式は，**図 6.3**（a）に示すように内部に空気室を設け，波の上下動によって空気を移動させ，ノズルから噴出する空気の運動エネルギーを利用する方式である。固定式は，図（b）に示すように空気室などの装置を防波堤などに固定する。

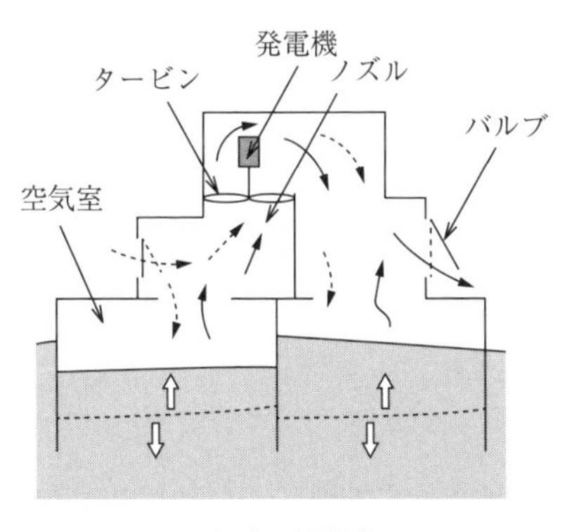

（a） 浮体式

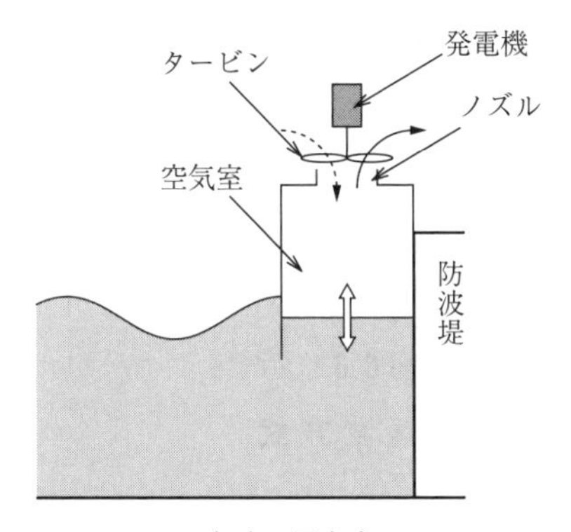

（b） 固定式

図 6.3 空気タービン方式

（2） ソルターダック方式

水粒子の回転運動によって浮体を揺動運動させ，エネルギーを吸収させる。**図6.4**で，A部が揺動すると，B部は円周方向に回転する機構を設けている。効率向上のために，波を受ける面は指数関数形状，波下側は円弧形状としている。

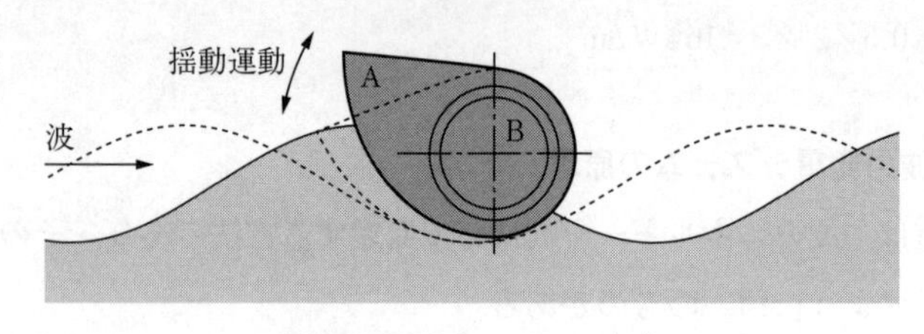

図6.4　ソルターダック方式

（3） 多重連結ラフト式

図6.5に示すように，多数の浮体を連結し，波の振動に伴う各浮体の位相差によって継ぎ手部にトルクを発生させる。継ぎ手部に油圧ポンプが取り付けられ，タービンを回転させるようにしている。

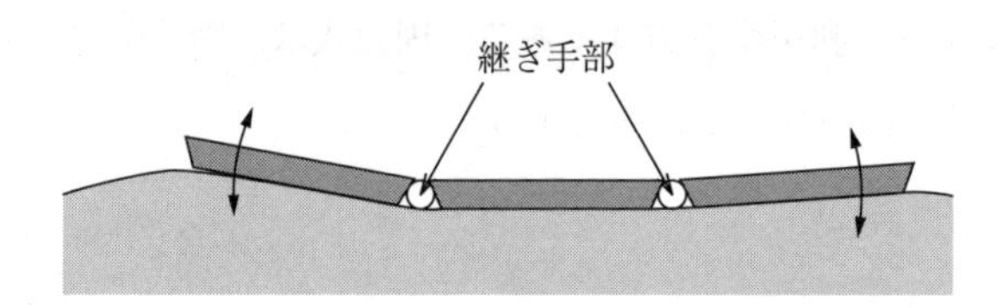

図6.5　ラフト方式

（4） 浮　体　式

波のエネルギーを可動物体を介して機械的な運動エネルギーに変換する方法で，例を**図6.6**に示す。

（5） 越 波 方 式

図6.7に示すように，波を貯水池などに越波させて貯留し，水面との落差を利用して排水の際にタービンを回して発電する。

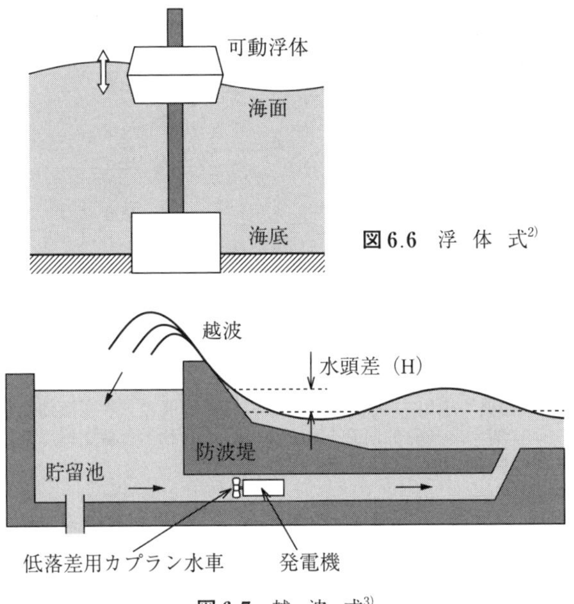

図 6.6　浮 体 式[2)]

図 6.7　越 波 式[3)]

6.1.3　波力発電の変換効率

先に説明した波の単位幅，単位時間当たりのエネルギー流速のうち，効率 η を乗じた値が波力発電装置の出力として得られる（**図 6.8**）。さらに，発電機から得られる電力 P_g は，タービンや油圧モータなどの効率を η_t，発電機の効率を η_g とすると $P_g = \eta\eta_t\eta_g\overline{P}B$ となる。ここで，$\overline{P}$ は規則波または不規則波のエネルギー流速，B は波の峰幅である。

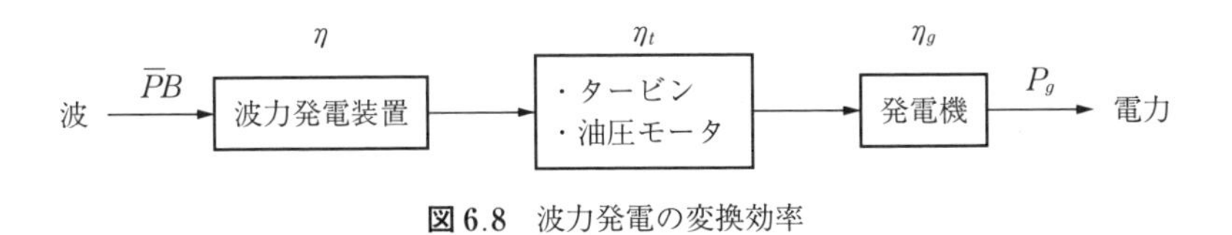

図 6.8　波力発電の変換効率

（1）　空気タービン方式の効率

図 6.9 に，空気タービン方式の波力発電装置における効率の計算例および実測例を示す。波周期をパラメータとして得られた効率 η の関係である。なお，

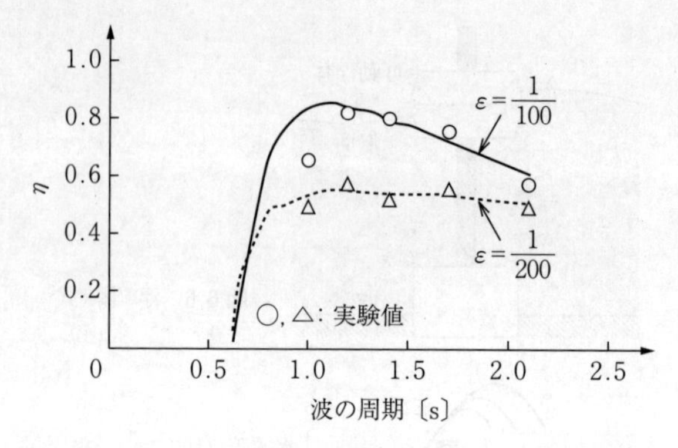

図 6.9　空気タービン方式の効率[4)]
〔出典：中川，「振動水柱型波力発電装置の一次変換効率に関する基礎的研究」，日本船舶海洋工学会論文集，第 6 号，p.194（2007）を元に著者作成〕

ε はノズル比であり，ε＝（ノズル開口面積）／（空気室の水平面積）で定義する。波周期と ε の条件がそろえば，80％の高い変換効率を得ることができる。

（2） ソルターダック方式の効率

実験で得られたソルターダック方式の効率を**図 6.10** に示す。図より効率が非常に高いことがわかる。

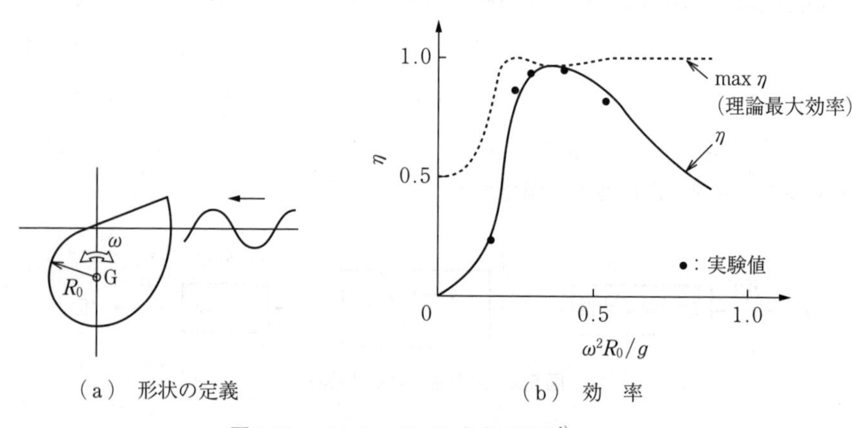

図 6.10　ソルターダック方式の効率[1)]
〔出典：前田ほか，「波浪発電」，生産研究，**31**（11），p.725（1979）より転載〕

（3） 多連結ラフト方式の効率

多連結（三分割）ラフト方式の実験結果を**図 6.11** に示す。図より，効率が高く条件によっては 1 を超える場合もあることがわかる。

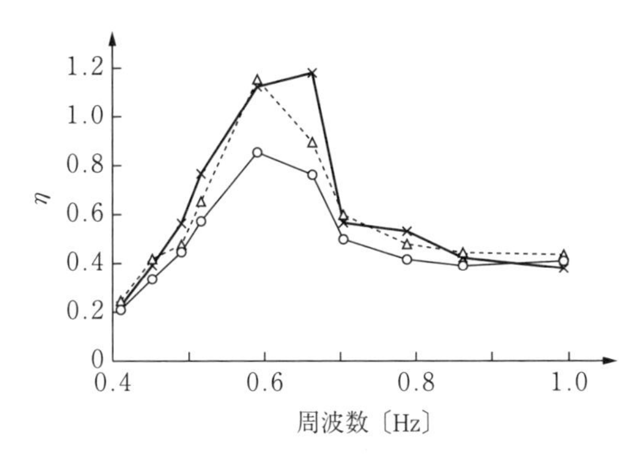

図 6.11 ラフト方式の効率[1)]
〔出典：前田ほか，「波浪発電」，生産研究，**31**（11），p.725（1979）より転載〕

6.1.4 波力発電の効率向上

波力発電は，ブイなどの小容量のものは早くから実用化されているが，大規模のものは実証試験により装置の性能を検討している段階で，実用的に最適な形式や形状は未確立というのが現状である。

浮体式の波力発電装置の変換効率向上に関してはさまざまな取組みがなされており，例えば**図 6.12** に示すように波の進行方向に対して後ろ曲げダクト形

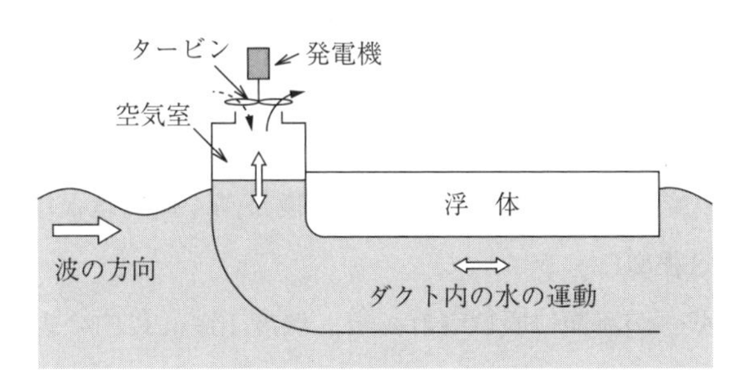

図 6.12 浮体式のダクト形状

状が前側にダクトを有する方式より有利であることが判明している[5)]。

このほかには，空気タービン方式に使われるタービンにおいて，エンドプレートを設置する方法や，可変ピッチ案内羽根を取り付けることで効率が向上する結果が得られている[6)]。

6.2 海洋温度差発電

海洋温度差発電（ocean thermal energy conversion）とは，海洋の表層温海水と深層冷海水の温度差（熱エネルギー）を利用する発電方式で

・エネルギー賦存量が多い。

・年間を通じて安定である。

ことより，実用化が期待される。発電原理は火力発電と同じランキンサイクルが基本である。

一方，課題としては，以下のようなものが挙げられる。

・エネルギー変換効率が低い（温度差が小さい）。

・深海から海水を汲み上げるために動力が必要。

6.2.1 海洋熱エネルギー

海洋熱エネルギーの元は太陽光であり，地球の約70％を占める海洋の表面を太陽が暖めることで熱が蓄えられる。その特徴は以下である。

・クリーン，再生可能（枯渇しない）。

・年間を通じて安定した供給が可能（深層の冷海水温度は1年中ほぼ一定，表層も日中の変動は小さい）。

・赤道に近い緯度が20度以内の海面は温度が高く候補地となる（温度差は年平均25℃程度）。

太陽エネルギーが海面に吸収されると，深度100 m以内の表層水温が上昇する。一方，海洋深層部には北極と南極からの深海流が入り込み，低温状態となる。この結果，表層（温海水）と深層（冷海水）との間に温度差が発生す

る。温度差は緯度や地形・季節により異なるが，日本近海の例を**図 6.13** に示す。夏場になると海面付近の温度が上昇し 25℃を超えるのに対し，水深 200 m より深海では季節を問わずほぼ数℃以下である。

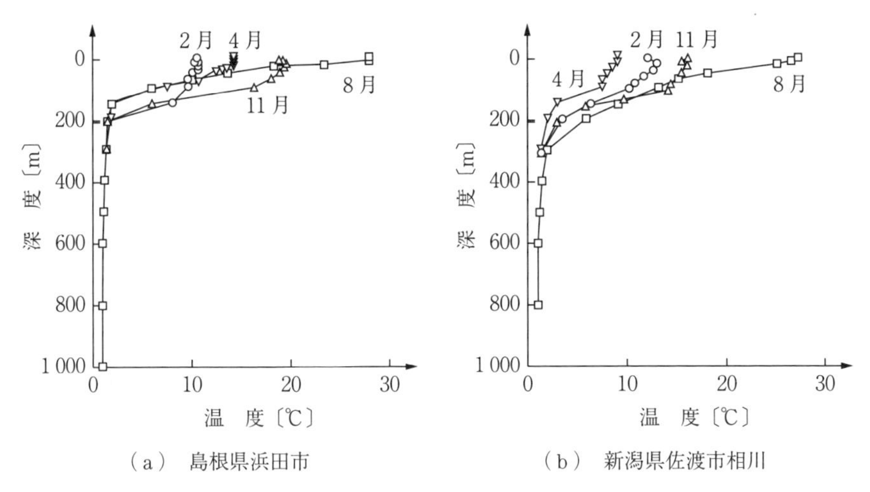

図 6.13　海水の温度分布[7]〔出典：海洋工学ハンドブック編集委員会編，「海洋工学ハンドブック」，p.707，コロナ社（1975）〕

6.2.2　温度差発電の原理

発電原理としては，オープンサイクル，クローズドサイクルの 2 種類の発電サイクルが考えられる。これまでの実績は後者が主流である。

（1）　オープンサイクル

作動流体として表層温海水を用いる方式である。その動作は，**図 6.14**（a）において，以下のような順で行われる。

① 表層温海水をフラッシュ（蒸発器で蒸発気化）させる。

② 低圧蒸気タービンを回転させ，発電して電気エネルギーを得る。

③ タービンを回した蒸気を復水器で凝縮し，真水（淡水）を得る。

なお，③ で示したこの淡水は，外部へ放出するので，オープンサイクルと呼ぶ。

オープンサイクル方式の状態変化（T-s 線図）を図（b）に示す。図中の状

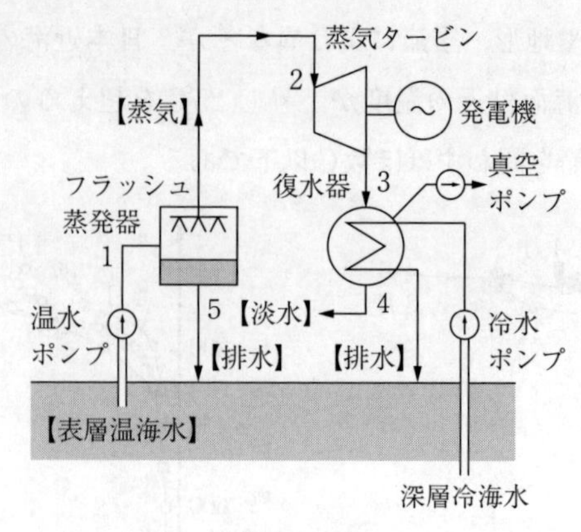

（a） 配置図

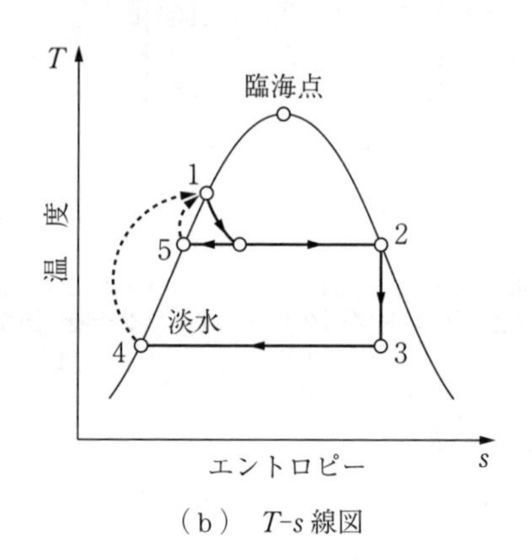

（b） T-s 線図

図 6.14 オープンサイクル方式

態番号は配置図の番号に対応する。この方式の欠点は，海水を減圧するための蒸気圧が温海水の飽和圧力以下で，水蒸気の比容積が増大するので，蒸気タービンが大型化することである。

《具体例》

表層水 30℃における飽和圧力：0.004 24 MPa

深層水 10℃における飽和圧力：0.001 23 MPa

参考：（大気圧）0.101 325 MPa

よって，蒸発器，タービン，凝縮器は大気圧の数％程度の圧力（真空に近い）で動作する。エネルギー密度が低いので，大きなタービンが必要になる。

（2） クローズドサイクル

作動流体として低沸点媒体を利用する方式である。その動作は，**図 6.15**（a）において，以下のような順で行われる。

① 表層温海水を蒸発器に通し，低沸点媒体（アンモニアなど）を気化させる。

② その蒸気により蒸気タービンを回転させ，発電して電気エネルギーを得る。

③ タービンを回した蒸気を復水器で凝縮し，液体に戻す。

④ 流体ポンプで循環させる。

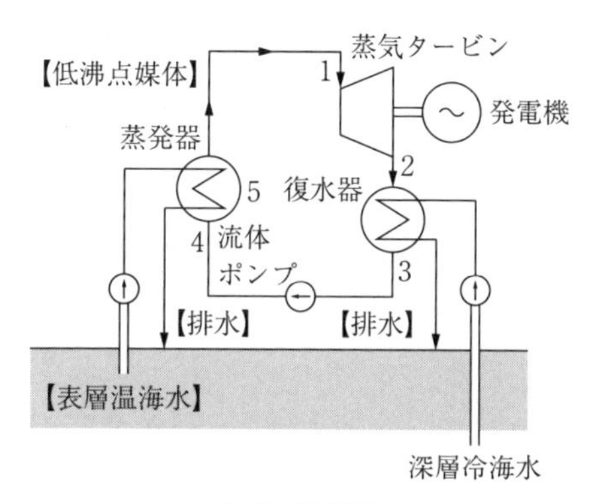

（a） 配置図

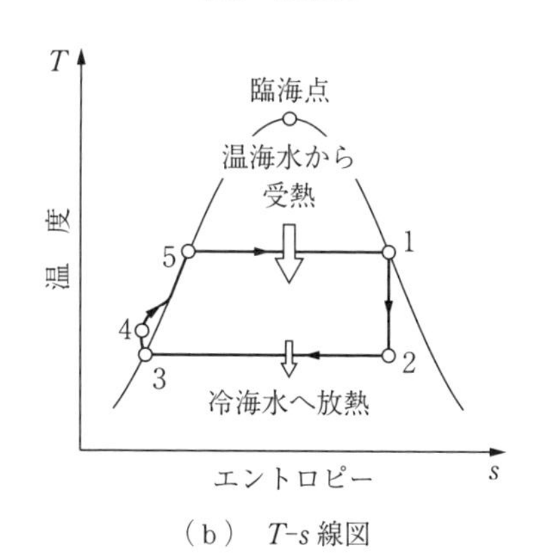

（b） T-s 線図

図 6.15 クローズドサイクル方式

この低沸点媒体は，循環するので，クローズドサイクルと呼ぶ。

クローズドサイクル方式の状態変化（T-s 線図）を図（b）に示す。図中の状態番号は配置図の番号に対応する。

《具体例（アンモニアを用いた場合）》
20℃　における飽和圧力：0.864 MPa（状態 1）
10℃　における飽和圧力：0.621 MPa（状態 2）

圧力差　0.24 MPa でタービンを駆動する。よって，比容積を小さく抑えることができるため，タービンを小型化できる。しかし，一般的に低沸点媒体は，伝熱性能が水より劣るため，蒸発器や凝縮器は大型化する。

6.2.3　温度差発電システムの構成

海洋温度差発電システムでは，発電装置のほかに，深層の海水を取水するための装置が必要になる。設置方法は陸上設置型と海洋設置型に大別できる。

陸上設置型は，陸上に発電装置を設置し，表層温海水と深層冷海水を取水管を使い，ポンプで汲み上げる。

海洋設置型は，発電システムや取水管，係留装置，海洋構造物（プラットホーム）で構成する。最近では海洋設置型が多い。

6.2.4　温度差発電の熱効率

海洋温度差発電では，実際に利用できる温度差が小さい（20 ～ 25℃程度）。理想的な熱効率を表すカルノー効率で熱効率を算出してみると，式 (6.8) で示される。

$$\eta_c = 1 - \frac{T_2}{T_1} \tag{6.8}$$

例題 6.2　高温側温度が 25℃，低温側温度が 4℃の場合のカルノー効率を求めよ。

解 答

式 (6.8) より，以下となる。

$$\eta_c = 1 - \frac{T_2}{T_1} = 1 - \frac{277.15}{298.15} = 0.0704$$

すなわち，カルノーサイクルの熱変換効率は，わずか7%程度である。また，先に示した T-s 線図より**ランキンサイクル**の熱効率はエンタルピーを用いて以下のように計算できる。

$$\eta_R = \frac{(\text{正味仕事})}{(\text{蒸発器で得られる海洋エネルギー})}$$

$$= \frac{(h_1 - h_4) - (h_2 - h_3)}{h_1 - h_4}$$

$$= 1 - \frac{h_2 - h_3}{h_1 - h_4} \tag{6.9}$$

なお，ポンプの仕事は小さいので無視する。なお，正味仕事は「蒸発器で得た熱量-復水器で冷却水へ放出した熱量」とした。このようにして得られるランキンサイクルの熱効率はカルノー効率より低く，熱交換器やほかの機器の機械効率を考慮すると，$\eta_R = 0.03 \sim 0.05$ 程度となる。すなわち，所定の電力を得るために，その30倍程度の熱を蒸発器と凝縮器の双方で熱交換する必要がある（熱交換器がシステムのおもな構成要素となる）。

海洋温度差発電では，原理的に熱効率が10%を超えることはない。少しでも高い効率を得るためには，高効率な熱交換器を使い，装置全体の大形化を図り，付帯機器の所要動力を相対的に減少させることが重要である。

6.3 潮汐・海流・潮流発電

6.3.1 潮 汐 発 電

潮汐発電（tidal power generation）では，潮汐に伴う潮位差（位置エネルギー）を利用してタービンを回し発電する方式である。得られるエネルギーは，潮位差（有効落差）を H〔m〕，流量を Q〔m^3/s〕とすると式 (6.10) で示される（ρ は海水の密度，g は重力加速度）。

$$W=\rho gQH \fallingdotseq 9.8QH \quad \text{[kW]} \tag{6.10}$$

潮汐発電の概念を**図 6.16** に示す。潮位差は実用的には 5 m 以上あり，狭い湾口に大きな貯水面積を有する地形が望ましいが，日本では，潮位差は大きくても 2 ～ 3 m 程度である。

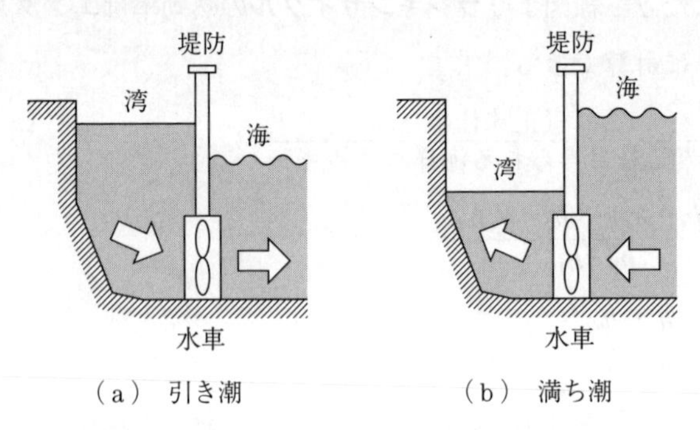

図 6.16　潮汐発電の概念図

図 6.17 は，フランス北部ランス川の河口に設けられた潮汐発電の導入例を示す。この地点では，潮の干満の水位差は最大 13.5 m，平均 8.5 m と大きく，大きな位置エネルギーが得られる。設備の概要は以下である。

・24 万 kW 発電，1966 年より運転

・ダム堤防全長 750 m，10 MW 水車×24 台

・干満の 1 回で 2 回発電する 2 方向発電

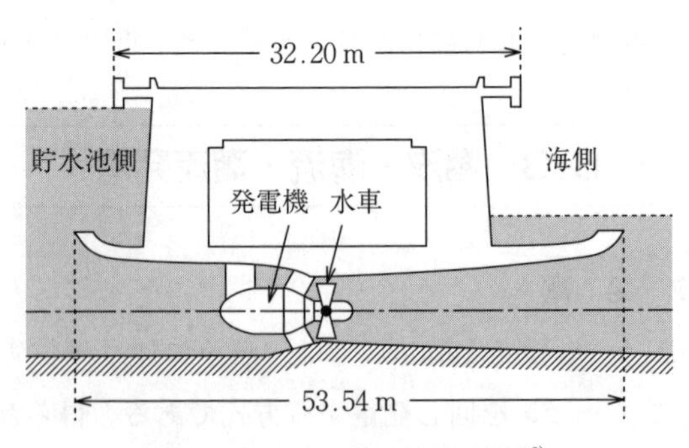

図 6.17　ランス発電所の断面図[8)]

6.3.2 海流・潮流発電

海流・潮流発電（ocean / tidal current power generation）は，海水の運動エネルギーを利用して水車で回転エネルギーに変換し発電する方式である。得られるエネルギー P は，海水の流速を V〔m/s〕，水車の面積を A〔m^2〕，海水密度を ρ〔kg/m^3〕とすると，式 (6.11) で示される。

$$P=\frac{1}{2}\left(\rho A V^3\right) \text{〔W〕} \tag{6.11}$$

概算では，水車の面積 1 m^2，海水の流速 1 m/s では，約 500 W のエネルギーを有することになる。海流は，**図 6.18** に示すような大洋の大循環流であり，幅 100 km，水深数百 m 程度でほぼ一定方向に流れている。

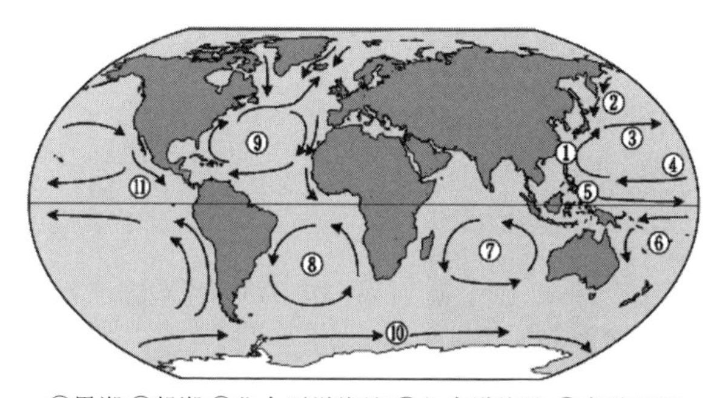

①黒潮 ②親潮 ③北太平洋海流 ④北赤道海流 ⑤赤道反流 ⑥南赤道海流 ⑦南インド海流 ⑧南大西洋海流 ⑨北大西洋海流 ⑩南極海流 ⑪カリフォルニア海流

図 6.18 海流の分布[9)]

ただし，陸地から離れており，水深も深いため，装置の設置・管理方法や，発電した電力を陸地まで送電する仕組みもあわせて検討する必要がある。研究段階であるが，水中浮遊式海流発電システム（**図 6.19**）の検討が行われている。

潮流は，潮汐発電で述べた潮汐により発生する水平方向の流れであり，潮の干満によって規則的に流れるため予測が可能であり，発電には好都合である。海峡や水道など海水の流路が狭い地点では流速が速くなり大きなエネルギーを得やすい。設置形式は，海底に固定する海底設置型（**図 6.20**）と，浮体型が検討されている。

図 6.19　水中浮遊式海流発電システム[10)]
〔出典：IHI,「黒潮で発電!?　水中浮遊式海流発電システムの開発」, IHI 技法, **53** (2) (2013) より転載〕

図 6.20　海底設置型水平軸タービン[11)]
〔出典：川崎重工業ホームページ（ニュース）資料, 2013 年 4 月 25 日より転載〕

章　末　問　題

【6.1】 海洋エネルギーを利用する発電方式のうち代表的なものを二つ挙げ，おのおのの構成と原理を簡単に述べなさい。

【6.2】 海洋エネルギーを利用する発電方式に関し，以下の文章の［　　　］でどのような種類のエネルギーが利用されるか埋めなさい。

（1） 波力発電では，海面上に吹く風によって波が発生し，その波が有する［　　　　］エネルギーと［　　　　］エネルギーを利用して発電する。

（2） 海洋温度差発電では，海洋の表面が太陽光によって温められてできる表層の温海水と深層の冷海水の温度差，すなわち［　　　　］エネルギーを利用して発電する。

（3） 潮汐発電では，潮汐によって発生する海面の潮位差，すなわち［　　　　］エネルギーを利用して発電する。

（4） 海流発電では，海洋を大規模に循環する海水の［　　　　］エネルギーを利用して発電する。

第 7 章

地 熱 発 電

地熱発電（geothermal power generation）とは，地下深くの高温箇所で地球が保有する熱エネルギーを利用して発電するものである。地熱エネルギーの特徴は，① 再生可能エネルギーである（クリーン，半永久的に利用可能），② 太陽光発電や風力発電のような天候の影響を受けず安定した発電出力が得られる点である。本章では，地熱エネルギー，その発電原理，システム構成，発電効率，導入状況などについて説明する。

7.1 地熱発電の原理

7.1.1 地熱エネルギー

地球内部の構造は，**図 7.1** に示すようにいくつかの層に分かれており，地中深くなるにつれて温度が上昇している。地表から 30 ～ 50 km の部分を地殻と言い，花崗岩や玄武岩などで構成されている。この部分では 3℃ / 100 m の割

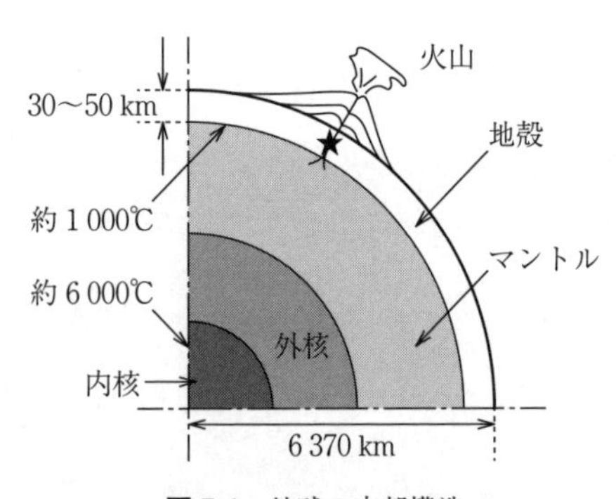

図 7.1 地球の内部構造

合で温度が上昇しており，地殻底部では1 000℃程度に上昇している。

地殻の内側にはマントルと呼ばれる固体の層があり，その厚さは約2 900 kmである。さらに内側には外殻と呼ぶ液体状態の層があり，一番内側は内殻と呼ぶ固体状態の部分で温度は約6 000℃である。

これより，地熱は膨大なエネルギーを有することがわかるが，人類が利用できるのはその一部に過ぎない。おもに，温泉や農業用の暖房，工業用の温水利用などに限られる。地球表面の地殻において，温度勾配に伴って発生する熱流束があるが，エネルギー密度がきわめて小さく利用は難しい。

しかし，火山地帯においては，**図7.2**に示すようにマントル上部に流動性のあるマグマが発生し，その一部が地表に向かって上昇し，地殻内部の浅いところにマグマ溜まりができる。マグマ溜まりは地表から数kmの深さにでき，1 000℃程度の温度である。当然，周囲の岩盤より温度が高いので，周囲の岩盤を熱する。

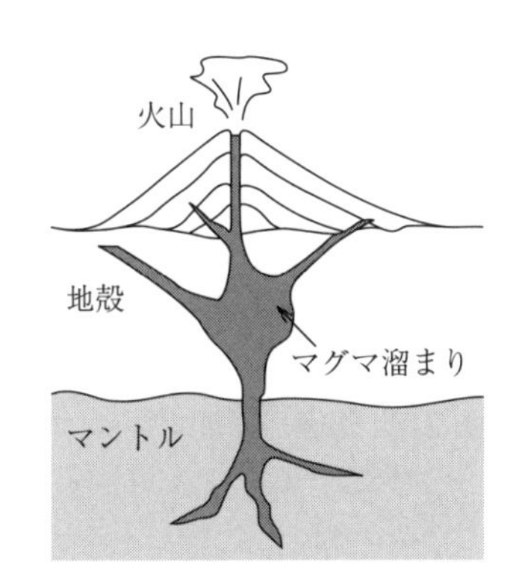

図7.2 地殻内にできるマグマ溜まり

一方，地殻の岩石の割れ目には，地上から雨水が流れ込み，マグマ溜まりの周囲の岩盤で加熱される。地下水は加熱されると，高温の熱水や蒸気となって岩石の割れ目を通って地表近くまで上昇する。このとき，帽岩と呼ぶ水を通さない層に当たると高温・高圧の熱水が蓄積する。また，割れ目を上昇する過程で，温度や圧力が低下するのに伴って熱水に溶けていた成分が沈着し，割れ目を塞ぎ，熱水の貯留層ができる。これらは地下 1 000 〜 2 000 m の深さにできる。地表から地熱貯留層までボーリングすると，熱水を取り出すことができる（**図 7.3**）。

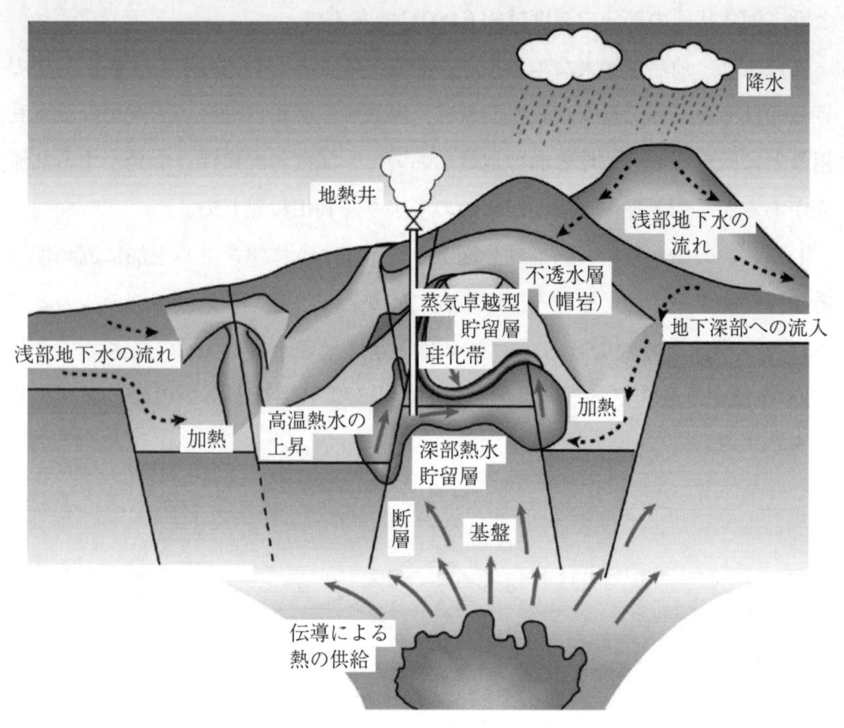

図 7.3　地熱構造概念図[1]〔出典：九州電力パンフレットより転載〕

7.1.2　地熱発電の原理

地熱発電の原理を示す概念図を**図 7.4** に示す。地熱貯留層から**生産井**によって取り出される熱水と蒸気の混合体は，気水分離器で蒸気と熱水に分離される。熱水は**還元井**を利用して地下に還元する。蒸気は，蒸気タービンに送られ，発電機（同期発電機が一般的）を回転させる仕事をした後，復水器で水に戻される。この部分は，火力発電と同様の原理である（**ランキンサイクル**を利用）。また，復水器で蒸気を水にするために多量の冷却水が必要であり，これ

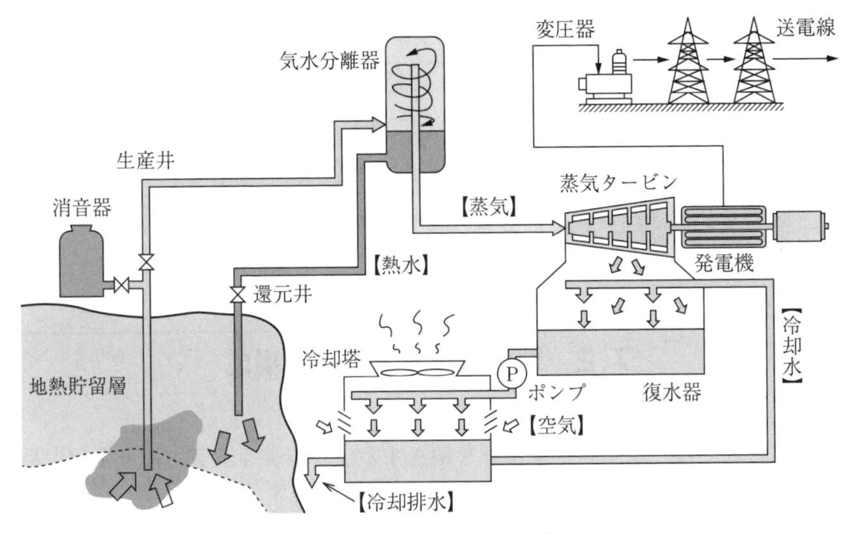

図 7.4 地熱発電の概念図[2)]

らは冷却塔で作られる。なお，10 000 kW の発電にはおよそ 100 トン/h の蒸気が必要である。

7.1.3 地熱発電の特徴

地熱発電の特徴は以下のようなものが挙げられる。

① 地下の高温の地熱流体（蒸気，熱水）を汲み上げて発電することより，純国産エネルギーでかつ燃料不要である。

② 自然エネルギーの一種で，CO_2 排出量が少ない（化石燃料発電に比べ 1/10 以下）。

③ クリーンエネルギーであり，煤塵（ばいじん）も出ない。

④ 再生可能エネルギーの中では発電量が大きく，数万 kW/地点である。

⑤ 稼働率が高く，80 ～ 90%に達する。

⑥ 発電出力が安定でベース電力となる。

なお，蒸気タービンを利用した発電原理は火力発電と同じであるが，以下の点は異なる。

① ボイラの代わりに地球の熱を利用する。

② 蒸気温度は200℃前後であり，火力発電に比べて温度が低い。

③ 地熱流体は熱水と蒸気の二層の状態であり，蒸気を分離する必要がある。

④ 地中の物質を取り込むため，蒸気中にはCO_2が含まれる。ただし，化石燃料を燃焼させる火力よりは低濃度である。また，熱水中にはNa，K，Ca，Si，SO_4など多くの成分が含まれる。

7.2　地熱発電システムの構成

地熱発電では，地熱エネルギーを輸送する流体（乾き蒸気，湿り蒸気，熱水）の状態により異なる発電方式（シングルフラッシュ方式，ダブルフラッシュ方式，バイナリーサイクル，直接方式）が適用される。

（1）　シングルフラッシュ方式

地熱流体が蒸気と熱水の混合体の場合に適用される。シングルフラッシュ方式の構成を**図7.5**（a）に，動作原理を表すT-s線図を図（b）に示す。図中の番号は図（a）の構成に対応している。地中から汲み上げられた蒸気と熱水の混合体は気水分離器（セパレータ）で蒸気と熱水を分離される（状態1→2）。熱水は還元井より地下に戻される（状態6）。一方，蒸気はタービンへ送られて発電を行う（状態2→3→4）。タービン出口には通常，復水器（凝縮器）を置き，水に戻す背圧を低くして出力を大きくする（状態4→5）。また，復水器に使う水を冷やす冷却塔も必要である。

（2）　ダブルフラッシュ方式

地熱流体が蒸気と熱水の混合体で気水分離された熱水の温度が高い場合に適用される。ダブルフラッシュ方式の構成を**図7.6**に，動作原理を表すT-s線図を図（b）に示す。地中から汲み上げられた蒸気と熱水の混合体を気水分離器に送り，蒸気と熱水に分離し，蒸気はタービンへ送り発電する（状態1→2→3）。分離した熱水をさらにフラッシュ蒸発器で減圧蒸発させ，蒸気を得る。これをタービンの低圧段に送り発電出力を増加させる（状態

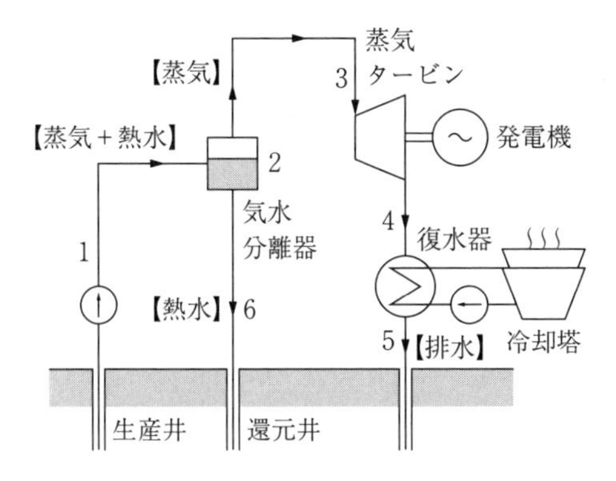

（a） 構成図

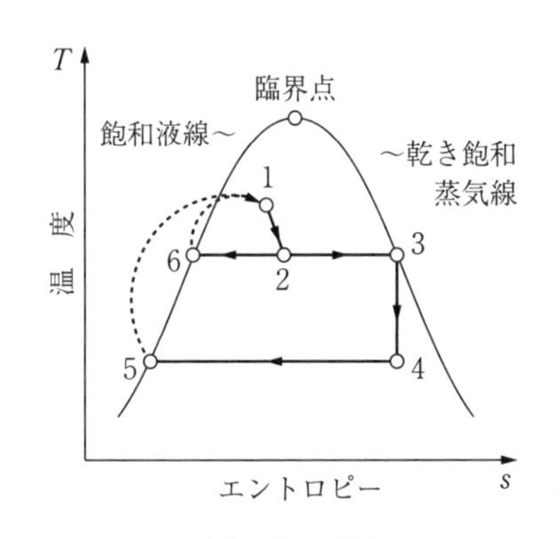

（b） *T-s* 線図

図 7.5 シングルフラッシュ方式

2→4→5→6)。このような方法により，条件が良ければシングルフラッシュより熱効率が 15 ～ 20％程度向上する。仕事をした蒸気は，復水器で水に戻す(状態 6→7)。

（3） バイナリーサイクル

地下の貯留層温度や圧力が低く，熱水しか得られない場合に適用される。低沸点の媒体を熱水で沸騰させて蒸気を作り，タービンを駆動して発電する。二つの媒体（水と低沸点媒体）を利用することからバイナリーサイクルと言う。バイナリーサイクル方式の構成を**図 7.7** に示す。従来の発電では利用しにくかった 50 ～ 170℃の熱水を利用できる。アンモニアなどの低沸点媒体を蒸発

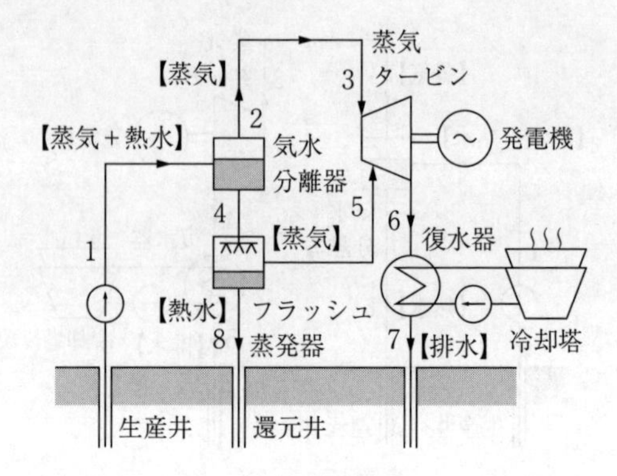

（a） 構成図

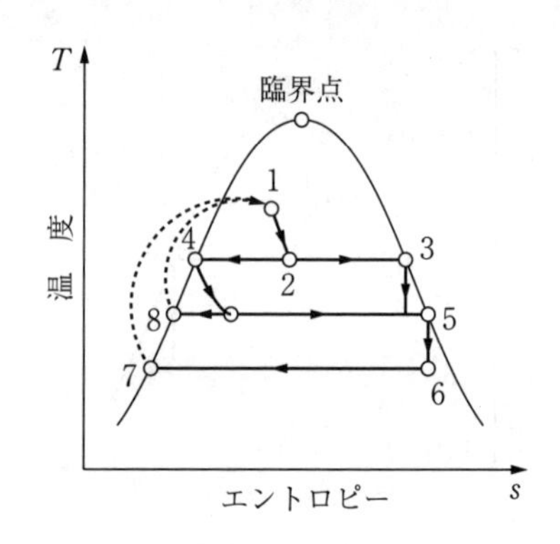

（b） *T*-*s* 線図

図 7.6　ダブルフラッシュ方式

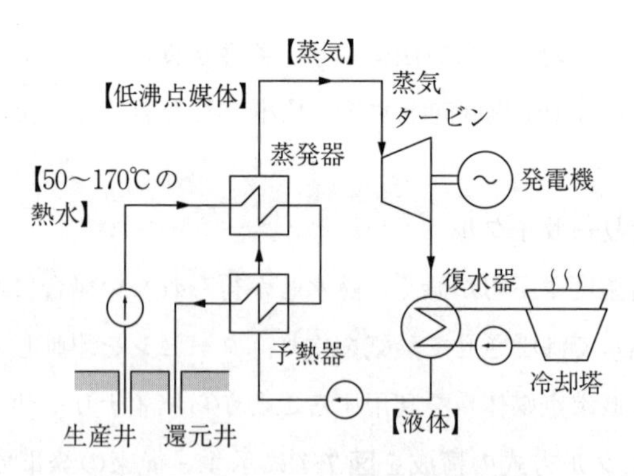

図 7.7　バイナリーサイクル方式の構成

器（熱交換器）で蒸発させ，高圧の蒸気でタービンを回して発電する。この方式は低い温度の熱水が利用可能で多くの温泉井などに適用できるが，熱エネルギー密度が低いので，装置が大型化するのが難点である。

（4） **直接方式（ドライスチーム方式）**

生産井から乾き蒸気のみが噴出する場合に適用される。直接方式では，**図7.8**に示すように地中から汲み上げた乾き蒸気をスケールセパレータに通した後そのままタービンに導いて発電する。タービン出口の蒸気は復水器により凝縮し，液体となって還元井から地中に戻す。この方式では，ほかの方式に比べて高温・高圧の蒸気をタービンに送ることができるので，効率が良い特徴を有する。復水器を用いず排気は大気に放出する方式もあるが，日本では用いられていない。

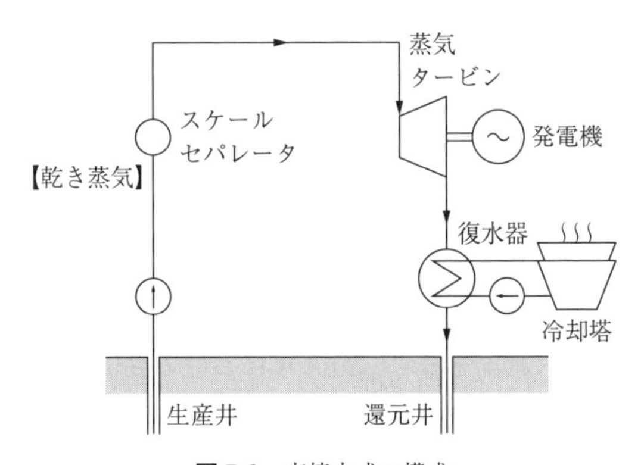

図7.8　直接方式の構成

7.3　地熱発電の熱効率

効率は入力エネルギーに対する出力エネルギー（仕事）の割合を表すことから，地熱発電所の場合は，生産井から噴出する地熱流体のエンタルピーを入力エネルギーと見なして定義する。すなわち，熱効率は次式となる。

$$\text{地熱発電所熱効率}\,\eta = \frac{\text{正味出力}}{\text{地熱流体の保有エネルギー}} \tag{7.1}$$

なお，式 (7.1) の右辺にある地熱流体の保有エネルギーに関して，最終状態をタービン出口温度での飽和液として考える。

タービンへ送られる飽和蒸気の圧力が 0.5 MPa（温度 151.8℃），タービン出口で 0.01 MPa の湿り蒸気として，式 (7.1) で熱効率を計算すると約 23%となる。実際には機械損失など各種損失があり，総合効率は $\eta = 10\%$ 程度である。

熱効率を上げるためには，一般的には温度や圧力を高くすることが有効であるが，地熱発電では，温度や圧力など入力エネルギーの条件は地熱流体の条件で制限されており，自由に設定することができない。したがって，式 (7.1) において正味出力を理想の状態に近づけることが重要である。そのため，復水器の性能向上や，流体を循環させるための補助動力などによる機械損失を低減させることが必要である。

また，地熱発電では，長期間運転しているうちにスケール（水あか）が配管やタービンに付着し，蒸気流量（発電出力）が低下する現象が発生する。発電出力の低下防止にはスケール対策についても配慮する必要がある。

7.4 導 入 状 況

図 7.9 に国内の導入状況を示す。2014 年における設備容量は約 52 万 kW であり，資源量（約 2 300 万 kW）の 1/40 程度にとどまっている。また，1990 年代の半ば以降は設備容量が増えていない。これは，候補地の多くが国立公園や国定公園と重なり開発規制が大きいうえに，環境アセスメントなどの手続き期間も含め開発から発電所稼働までに 10 年を超える期間を要する課題や，温泉事業者をはじめとする地域住民との調整が必要であるなどの事情がある。

東日本大震災（2011 年）以降は，再生可能エネルギーへの期待感の高まりとともに，固定価格買取制度による支援や手続き面での規制緩和などにより開発の計画が上り始めている。

世界全体の導入状況を見ると，**図 7.10** に示すように，米国，フィリピン，インドネシアで導入量の 50%超を占め，日本の導入量は 5%弱である。いずれ

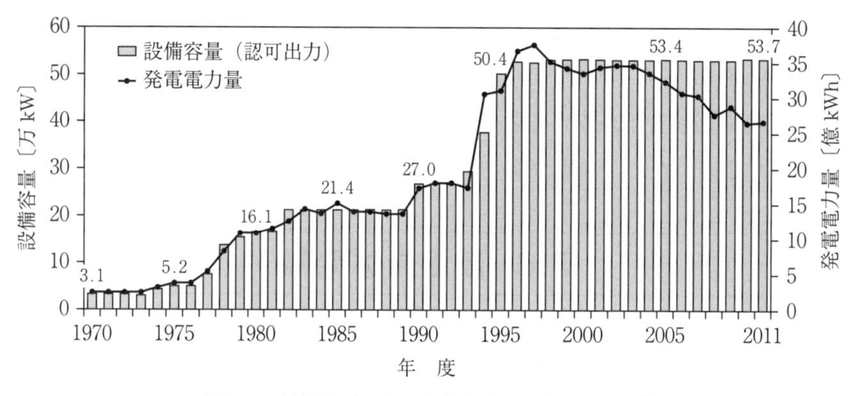

図 7.9 地熱発電の認可出力と発電電力量の推移[3)]

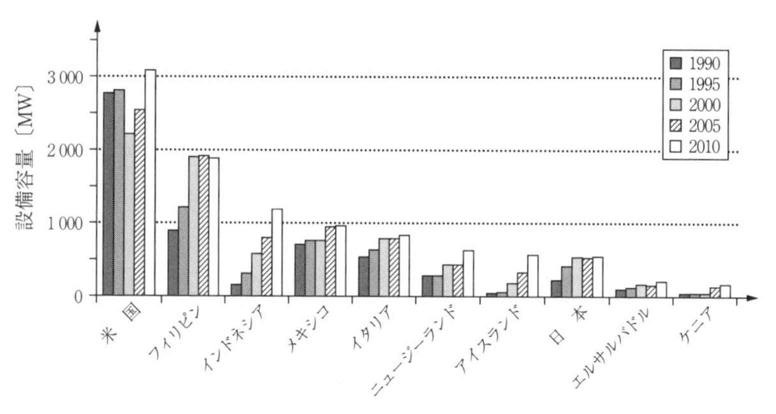

図 7.10 地熱発電導入量の国際比較[3)]

の国も火山国である。2012 年時点での全世界の導入量は約 11 GW である。

7.5 地熱発電の課題

地熱発電における課題を整理すると，以下のようなものが挙げられる。

① 地中の物質を取り込むため，蒸気中には CO_2 が含まれる場合がある（火力発電に比べ CO_2 排出量は少ないがゼロではない）。

② 熱水中にはもともと地下水に溶け込んでいた多くの成分が含まれ，配管やタービンの腐食，目詰まりの要因となる。

③ 排水にもさまざまなイオンなどが含まれるので，環境対策上処理が必要である。

④ 井戸の掘削費用がかかることや，規模が火力発電所や原子力発電所に比べて小さいため，発電コストが高い。

7.6 高温岩体発電

7.6.1 高温岩体発電の特徴

高温岩体発電は，岩盤は充分高温であるが，蒸気や熱水の地熱流体が豊富になく（高温岩体），既存技術では開発対象外とされてきた岩盤を利用した技術である。地熱発電と異なり，充分高温な岩盤だけあれば良いので，開発条件が大幅に緩和され，開発地域が拡大する。発電に使用した水は再度地下に注水するので環境的には良い。

7.6.2 高温岩体発電の構成

図 7.11 に高温岩体発電の概念図を示す。高温の岩盤内部へ井戸を掘り，そこへ水を圧入して亀裂を入れることにより地下に人工的に熱交換面（人工貯留層）を作る。このようにしてできた地下と地表との間に水を強制的に循環させて，地下の熱エネルギーを取り出して発電に利用する。発電装置は地熱発電と同じで，図はシングルフラッシュの構成であるが，熱交換器を介して低沸点媒体を気化するバイナリー方式もある。

7.6.3 高温岩体発電の適用例

国内においては，商用機は運転しておらず，実用化に向けた研究がなされている段階である。実験設備の例として NEDO が 2000 年 11 月から 2 年間かけて実施した肘折高温岩体実験の例を紹介する。このプロジェクトでは山形県大蔵村に深度 2 200 m の井戸を掘削しバイナリー発電装置も構築した。岩体の温度は約 270℃あり，生産井坑口での蒸気・熱水の温度は 180℃得られ発電試験

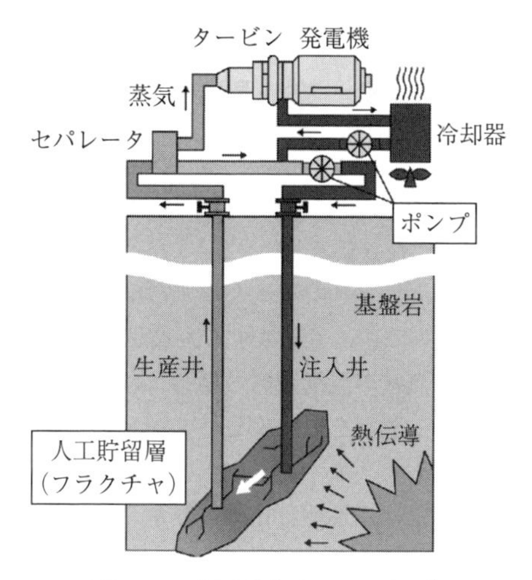

図 7.11 高温岩体発電の概念図[4)]

も行われている。蒸気・熱水の計測，抗井内の温度・圧力・流量の計測が行われた。

7.6.4 高温岩体発電の課題

井戸の掘削には大きなコストが掛かるため，実用的なシステムを構築するためには，高温岩体システムの長期的な抽熱特性として，15 ~ 20 年の長期にわたり安定した熱水や蒸気を生産できるかどうかが課題である。

章　末　問　題

【7.1】 地熱発電に関する次の記述について，正しいものは○，誤っているものは×を［　　　］に記入しなさい。

（1） 地中から汲み上げられた蒸気と熱水の混合体を気水分離器で分離し，蒸気をタービンに送って発電する方式が一般的である。 ［　　　］

（2） 気水分離した熱水の温度が高い場合には，さらにフラッシュ蒸発器で減圧蒸発させ，蒸気を取り出してタービンへ送り，発電出力を増加させる方法もある。 ［　　　］

（3） 地下から汲み上げる地熱流体で，熱水しか得られない場合，低沸点の媒体を熱交換器で蒸発させ，これをタービンへ送って発電する方法もある。 ［　　　］

（4） 生産井から乾き蒸気のみが噴出する場合は，蒸気を直接タービンに送る方式は適用できない。 ［　　　］

【7.2】 図7.12は地熱発電の方式のうち，シングルフラッシュ方式を模式的に示したものである。［　　　］で示す部分にはどのような流体が流れているか埋めなさい。また，最も温度・圧力が高い流体に○印を，最も温度・圧力が低い流体に×印を一緒に示しなさい。

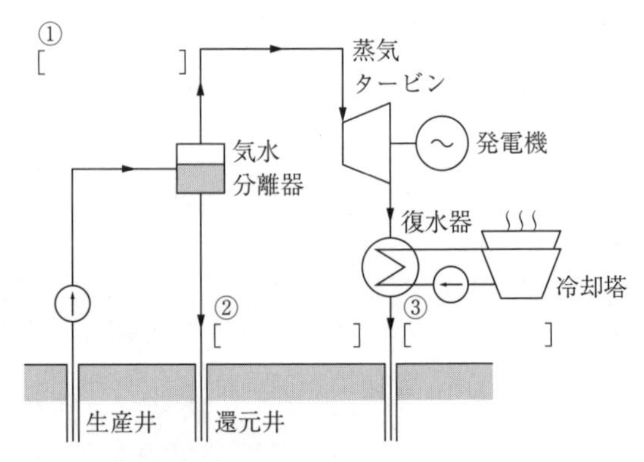

図7.12　シングルフラッシュ方式の模式図

【7.3】 地熱発電の特徴と課題についてそれぞれ代表的なものを説明せよ。

第8章 バイオマスエネルギーによる発電

バイオマス（biomass）とは，動植物に由来する資源のうち，化石燃料を除いたものを言い，再生可能エネルギーに位置づけられている。これらは発電以外にも熱源や輸送の燃料として様々な用途に利用される。本章では，バイオマスを利用した発電を中心に，エネルギー変換，発電原理，各種発電の事例，導入状況などについて概説する。

8.1 バイオマスエネルギー

バイオマス資源は，そのままの形態では利用が困難であるため，**図8.1**に示すように，固体燃料や気体燃料，液体燃料にいったん変換されてから，発電や

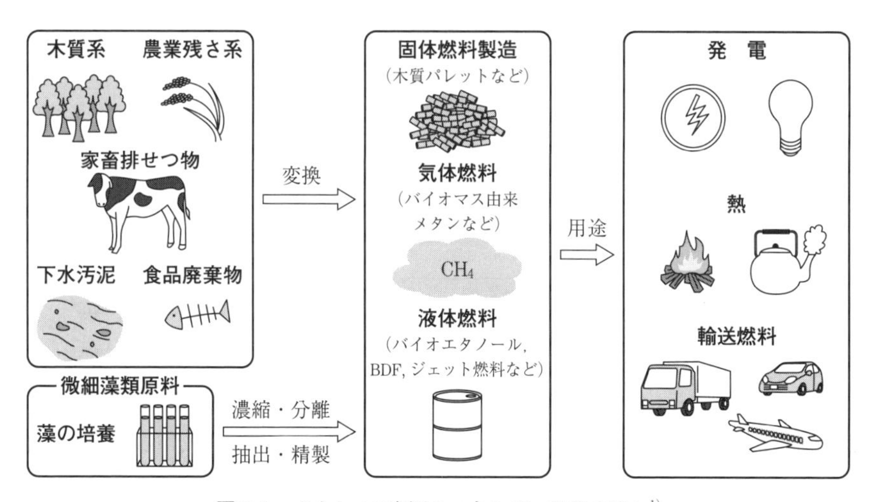

図8.1　バイオマス資源のエネルギー利用の流れ[1)]

熱源，輸送燃料として利用される。

バイオマス資源は**廃棄物系資源**，**未利用資源**，**生産系資源**に大別され，**表 8.1** に示すようなものが挙げられる。廃棄物系資源をバイオマスとして利用することにより，処分のためのコストを低減したり，減容化することが可能となる。未利用資源では，山林に放置される林地残材や間伐材が該当し，現状では収集コストが高いため未利用となっているものを有効利用することが期待される。生産系資源は，エネルギー利用を目的に栽培するバイオマス資源である。

表 8.1　バイオマス資源[1)]

	分　類	資　源	
廃棄物系資源	木質系バイオマス	製材工場残材，建設発生木材	
	製紙系バイオマス	古紙，製紙汚泥，黒液	
	家畜排せつ物	牛ふん尿，豚ふん尿，鶏ふん尿，その他家畜ふん尿	
	生活排水	下水汚泥，し尿・浄化槽汚泥	
	食品廃棄物	食品加工廃棄物	
		食品販売廃棄物	卸売市場廃棄物，小売業廃棄物
		厨芥類	家庭系厨芥，事業系厨芥
		廃食用油	
	その他	埋立地発生ガス，紙くず・繊維くず	
未利用系資源	木質系バイオマス	森林バイオマス	林地残材，間伐材，未利用樹
		その他木質系バイオマス（剪定枝など）	
	農業残さ系	稲作残さ	稲わら，もみ殻
		麦わら，パガス	
		その他農業残さ	
生産系資源	木質系バイオマス	短周期栽培木材	
	草木系バイオマス	牧草，水草，海草	
	その他	藻類	
		糖・でんぷん	
		植物油	パーム油，菜種油

バイオマスエネルギー変換はバイオマス資源を燃料化するもので，**表 8.2** に示すように物理的変換，熱化学的変換，生物化学的変換に大別される。物理的変換では，運搬効率や燃焼効率を高めるため木質チップや木質ペレットなどの燃料化を言う。熱化学的変換では，気体燃料・液体燃料・固体燃料などさまざ

表 8.2 バイオマスエネルギー変換技術[1)]

エネルギー変換技術			エネルギー利用形態		
			発電	熱利用	輸送燃料
物理的変換	固体燃料製造	薪，チップ	○	○	—
		ペレット，ブリケット			
		RDF，バイオソリッドなど			
熱化学的変換	気体燃料製造	熱分解ガス化	○	○	—
		水熱ガス化	△	△	—
	液体燃料製造	BTL（ガス化-触媒反応）	—	—	△
		バイオディーゼル燃料製造	○	—	○
		（エステル交換・酸化安定化）			
		急速熱分解	—	—	△
		水熱液化	—	—	△
		藻類由来のバイオ燃料製造	—	—	△
	固体燃料製造	炭化・半炭化	○	○	—
生物化学的変換	気体燃料製造	メタン発酵	○	○	○
		バイオ水素製造	△	—	△
	液体燃料製造	エタノール発酵	—	—	○
		ブタノール発酵	—	—	△

○：実際に利用されている形態，△：研究開発されている形態

まな燃料が製造される。生物化学的反応では，メタン発酵やエタノール発酵により燃料が製造される。

表中にはエネルギー利用形態もあわせて示すが，発電用途には固体燃料の形態および，熱分解ガス化やメタン発酵による気体燃料が用いられる。

8.2 バイオマス発電の原理

バイオマス発電（biomass power generation）は，直接燃焼による発電とガス化による発電の 2 方式に大別できる。直接燃焼による発電は，既設の石炭火力などでバイオマスを混焼する方式と，バイオマス専焼ボイラを用いる方式があり，ボイラで発生した蒸気で蒸気タービンを回転させ発電する。また，ガス化による発電は，バイオマスをガス化炉で熱分解し，発生した可燃性ガスを燃

焼させて熱エネルギーを得る方式と，バイオマスを発酵させてメタンガスを発生させ，ガスエンジンなどで発電する方式がある。

（1）　直接燃焼（混焼方式）

既存の石炭火力などで木質バイオマスを燃料に混合し直接燃焼させ，ボイラで発生した蒸気で発電する方式。システム構成を**図 8.2** に示す。すでに各電力会社で運用中または計画中である。燃料の粉砕にあたり，石炭とバイオマスを混合粉砕する方式は設備の改造範囲が少なくて済むが，バイオマスの混焼率は 2～3％程度にとどまる。

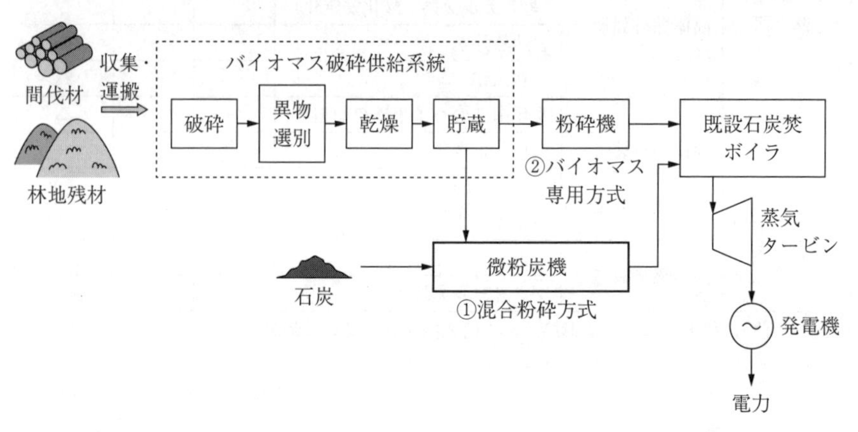

図 8.2　既設石炭火力での木質バイオマス混焼システムの概略[1)]

（2）　直接燃焼（専焼方式）

バイオマス専焼ボイラを用いる方式。システム構成を**図 8.3** に示す。原料となるバイオマスをボイラに投入し，得られた蒸気で蒸気タービンを回転させ発電する。一般的に熱効率は混焼方式よりも低い。熱効率を上げるためには，バイオマスを乾燥させ水分を低減させる必要がある。特に，下水汚泥など含水率の高いバイオマスでは乾燥用に大きなエネルギーが必要になるため，直接燃焼を行う場合には工夫が必要となる。

（3）　ガス化（熱分解方式）

バイオマスをガス化炉で高温にて熱分解し，発生した可燃性ガス（H_2,

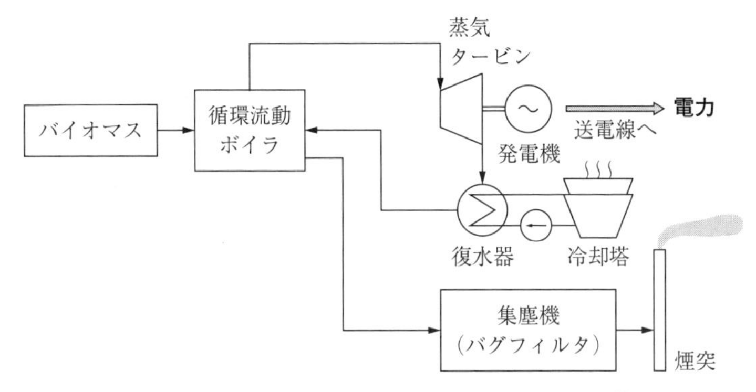

図 8.3 バイオマス専焼ボイラによる発電システム[1)]

CO，CH_4 など）を燃焼させて熱エネルギーを得る。発電方法は，**図 8.4** に示すように蒸気タービンを利用する方式，ガスエンジン，ガスタービンを利用する方式，燃料電池を利用する方式など多様である。発電と同時に発生する熱を利用する場合も多い（コージェネレーション）。小規模（4 ～ 25 kW）のガスエンジンを利用した場合の発電効率は 20 ～ 31％程度である。

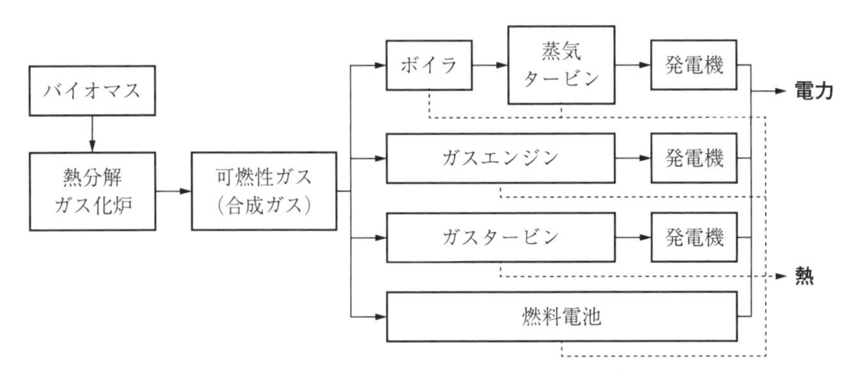

図 8.4 バイオマスのガス化発電システム[1)]

（4） **ガス化（メタン発酵方式）**

メタン発酵方式の発電システムの構成を**図 8.5** に示す。この方式では，発酵槽において微生物による嫌気性発酵により有機物を分解し，発生するメタンガスをガスホルダに蓄えた後ボイラまたはガスエンジンに供給し，発電する。発電と同時に熱も発生するので，温水利用もあわせて行う（コージェネレーション）。

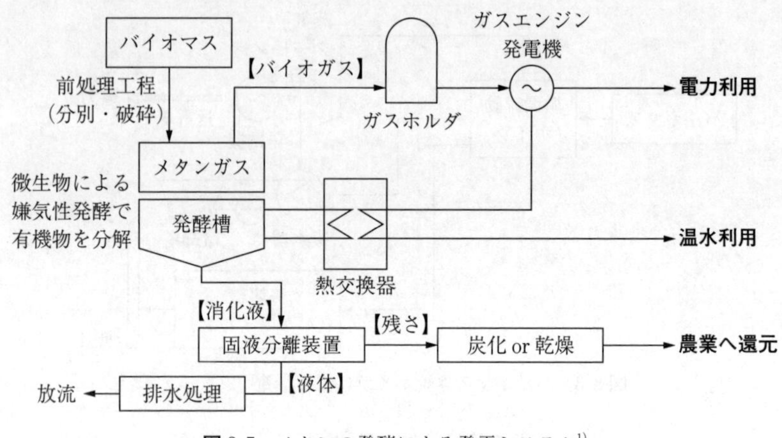

図 8.5　メタンの発酵による発電システム[1)]

8.3　バイオマス発電の具体例

8.3.1　廃 棄 物 発 電

廃棄物発電は，バイオマスを利用した発電の中でも国内で最も導入が進んでいるものである。発電方式は，従来は可燃性の廃棄物を直接燃焼させる方式がとられてきたが，発電効率を向上させるためにリパワリング形や **RDF**（refuse derived fuel）と呼ばれるごみや廃プラスチックなどを乾燥・固形化して直径 1 ～ 1.5 cm，長さ数 cm の棒状にしたものを利用する方式も採用されるようになってきている。

（1）　従来形（直接燃焼方式）

現在最も一般的に用いられる方式である従来形（直接燃焼方式）のシステム構成を**図 8.6** に示す。廃棄物を燃焼させボイラで蒸気を作り出し，蒸気タービンで発電機を回転させて発電する。燃料となる可燃性廃棄物は必ずしも燃料に適したものではなく（熱量が少なく 2 200 ～ 2 500 kcal/kg[2)]），また，水分が含まれている場合もあり，蒸気温度も十分高くならず，発電効率は 10 ～ 15% 程度であった。燃焼炉の改良などによる発電端効率を高くする試みもされているがそれでも 20%程度である。

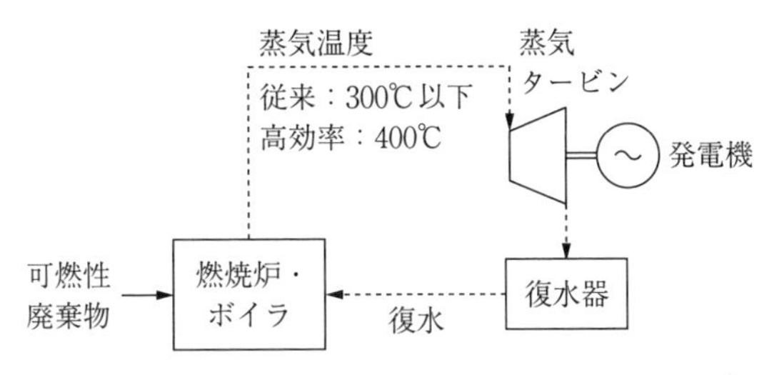

図 8.6　従来形（直接燃焼方式）の廃棄物発電の構成[3)]

（2）　リパワリング形

リパワリング形（スーパーごみ発電）のシステム構成を**図 8.7** に示す。一般廃棄物を燃料とする従来形と，都市ガスなどを燃料とするガスタービンを組み合わせ，ガスタービンの排熱により，従来形のボイラから取り出した蒸気の温度を上昇させ，効率向上・出力増大をねらうものである。発電効率は 25 ～ 27 %程度が一般的であるが，35%程度に達するものも得られている。

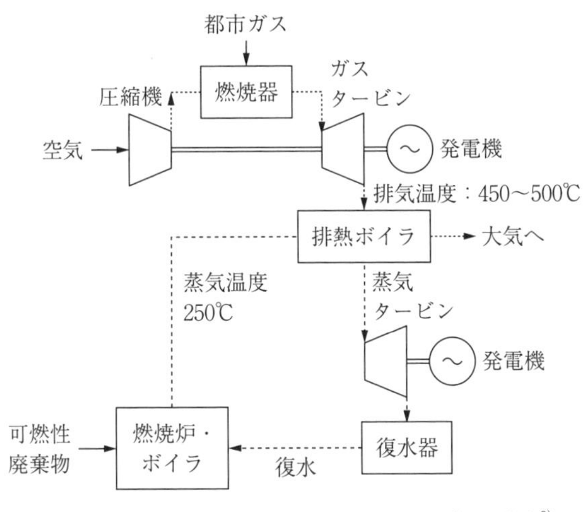

図 8.7　リパワリング形（スーパーごみ発電）の構成[3)]

（3）　RDF 形

RDF 形のシステム構成を**図 8.8** に示す。従来形と似ているが，焼却炉・ボイラがRDFに適したものになり蒸気温度が高くなるので発電効率が向上する。この方式では，廃棄物の収集から形成・固形燃料化を小規模の自治体などで

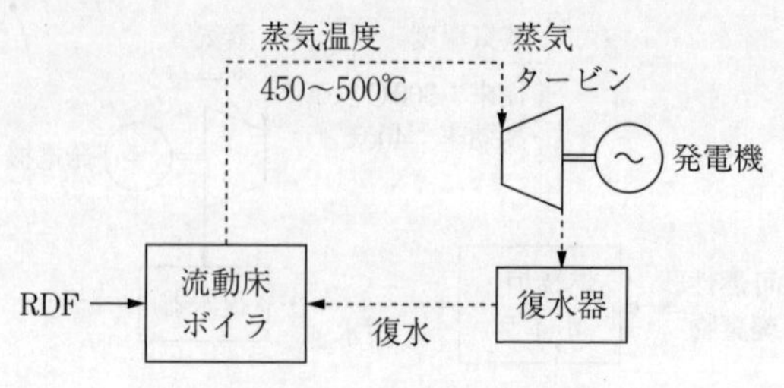

図 8.8　RDF 形の廃棄物発電の構成[3)]

行った場合でも，RDF 燃料を集約して比較的大規模な発電とすることができる点もメリットである。なお，RDF の熱量は 3 000 ～ 5 000 kcal/kg，発電効率は 28 ～ 30％程度が得られている。

廃棄物発電の特徴は以下のようなものが挙げられる。

① 廃棄物の減量化，無臭化，無害化が可能である。

② 燃料は廃棄物を利用していることより，化石燃料を節約でき，発電に伴う追加的な二酸化炭素の排出がない。

③ 新エネルギーの中では，連続して電力が得られる安定電源である。

④ 電力需要地に直結した分散形電源であり，排熱を利用した地域への熱供給も可能である。

一方，課題としては，当初発生した環境問題（騒音，臭気，ダイオキシンの排出など）は現在ほぼ解決しているが，以下の点の改善が必要である。

① 発電効率の向上。

② 小規模のプラントでは，発電設備の設置が困難（発電効率，運用費用）。

③ 環境対策などにより建設費が高騰している。

8.3.2　木質バイオマスによる発電

木質バイオマスによる混焼発電と専焼発電の事例を紹介する。なお，燃料となる木材チップ（原料を粉砕または切削したもの）では熱量が 1 890 kcal/kg，木材ペレット（原料を粉砕し成型・乾燥させたもの）では熱量が 4 000 kcal/kg 程度である[4)]（含水率によって変化する）。

（1） 木質バイオマス混焼発電

国内電力会社では，実証試験も含み14地点の石炭火力発電所で木質バイオマス混焼発電を実施している[5]。ボイラなどの設備面の制約により混焼の範囲は2～3%程度にとどまるが，発電出力自体は50～100万kWクラスと大規模なものが多い。

（2） 茨城県勝田木質バイオマス発電所

ここでは，日量150トンの木屑焚きボイラおよび蒸気タービンを設置し，4900kWの発電を行い，場内消費分を除いた4100kWの売電を行っている。燃料となる木屑チップは，伐採・剪定木屑，解体木屑，根かぶなどを粉砕したもので，環境促進事業者を中心とした地元業者より入手している[6]。

8.3.3 バイオマスガスによる発電

バイオマスにより下水道の汚泥から消化ガスを発生して発電する例と，牛糞および生ごみからバイオガスを発生させ発電する例を紹介する。

（1） 神奈川県横浜市北部汚泥資源化センター

ここでは，下水処理過程から発生した汚泥の処理を行い，発生した**消化ガス**を燃料にしてガスエンジンで発電している。1987年から運転を開始し，5台のガスエンジン（合計出力4780kW）を運転している。また，エンジンから発生する排熱を消化タンクの加温などに有効利用している[7]。

東京都森ケ崎水再生センターでも，同様に汚泥消化ガスによる発電を2004年から行っている。

（2） 静岡県天城放牧場

牧場の牛糞と，近隣のスーパーや学校から出る生ごみを分別収集して，タンクで**バイオガス**を発生させる。そのガスで発電する一方，排熱を牛舎の床暖房に使用する。2005年から運転を開始し，1日約5トンの燃料から300 m^2/日のバイオガスを発生させ450kWh/日の発電電力量が可能な設備である[7]。

ここで，バイオマスで発生するガスの量と発電量について整理しておく。毎日1 m^3 のバイオガスを発生させるに必要な原料は，およそ牛1頭の糞尿に相当する。ほかの原料では，豚4頭，鶏120～140羽，人間20～30人に相当する。なお，家庭用生ごみでは20 kg（20人分）で同等である。1 m^3のバイオガスは5 500～6 500 kcalの熱量を有し，発電に使用すると約1.5 kWh分の発電が可能である[8)]。

8.4 導入状況

国内におけるバイオマス発電設備の導入量は**図8.9**に示すように年々増加しており，2014年度末で約250万kWある。また，2030年には導入量が約400万kWに増加すると見込まれている[9)]。発電量の内訳は2012年のデータであるが**図8.10**に示すように，一般廃棄物を利用したものが半数を占める。

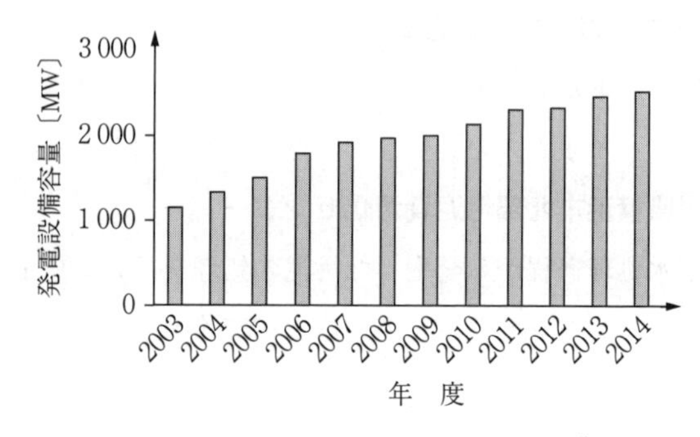

図8.9　バイオマス発電の導入量の推移[9)]

なお，清掃工場における一般廃棄物による発電に限定しても，**図8.11**に示すように年々増加していることがわかる。ただし，この中にはバイオマスとしてカウントできる紙類や厨芥（ちゅうかい）類（生ごみ）などのほかに，除外される化石由来廃棄物（プラスチック類）が含まれている。その比率は2011年においておよそ5：3である。

世界全体でバイオマス発電設備の導入量を見ると，**図8.12**に示すように増加傾向であり，特にドイツ，中国で顕著に増加している。米国やブラジルはこの期間の導入量は横ばいである。

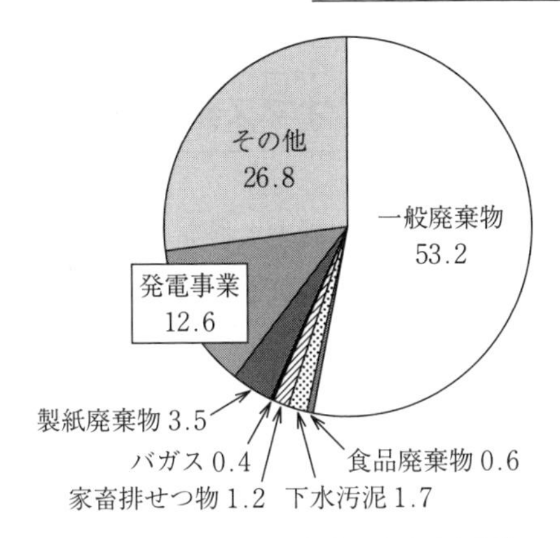

図 8.10　バイオマス発電の発電量内訳[1)]

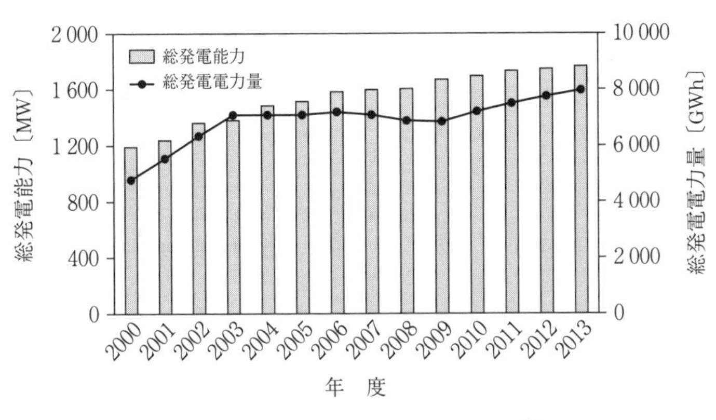

図 8.11　廃棄物発電の導入量の推移[10)]

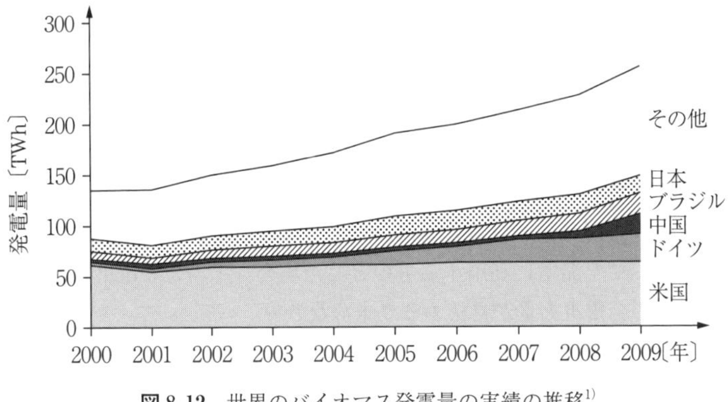

図 8.12　世界のバイオマス発電量の実績の推移[1)]

8.5　バイオマス発電の課題

バイオマスエネルギーは太陽光や風力と異なり，エネルギー源にコストがかかる（作物の育成，収集，燃料加工など)。おもな課題は以下のようなものがある。

① 安価・安定的な原材料の確保

② 利用基盤の整備（調達方法の確立）

③ エネルギー変換・利用技術の高度化

・コストダウン（特に中小設備）

・燃料からの不純物の除去など（バイオガス発電）

・メンテナンス体制の整備（ランニングコスト低減）

・高効率化

章　末　問　題

【8.1】 以下の材料に関し，バイオマス資源として最も適切なものを選択肢から選び，記入しなさい。

（1）林地残材，間伐材　＿＿＿＿＿＿＿＿

（2）製材工場の残材　＿＿＿＿＿＿＿＿

（3）藻　類　＿＿＿＿＿＿＿＿

（4）家畜のふん尿　＿＿＿＿＿＿＿＿

（5）家庭から出る紙ごみ　＿＿＿＿＿＿＿＿

〈選択肢：未利用系資源，廃棄物系資源，化石燃料系資源，生産系資源〉

【8.2】 廃棄物発電の特徴と課題のうち，それぞれ一つを挙げ説明しなさい。

【8.3】 牛を100頭飼育している牧場において，ふん尿からバイオマスガスを発生させ，すべてを発電に利用するものとした場合，平均の発電出力および年間どの程度の発電電力量が見込めるか求めなさい。

第9章 燃料電池

燃料電池（fuel cell）は，水素と酸素の化学反応により直接電気エネルギーを発生する装置である。反応による生成物はおもに水のみで，原理的には二酸化炭素を排出しない。また，騒音や振動も少ない特徴を有する。本章では，燃料電池の発電原理，種類，発電システムの構成，物質収支について説明する。また，応用例についても説明する。

9.1 燃料電池の原理

燃料電池の動作原理の概略を**図9.1**に示す。水素（H_2）と酸素（O_2）の反応により電気エネルギーを発生し，同時に水が生成される。これは，電気分解と逆の反応になる。燃焼反応とは異なり，電気化学的な反応により電力を発生する。

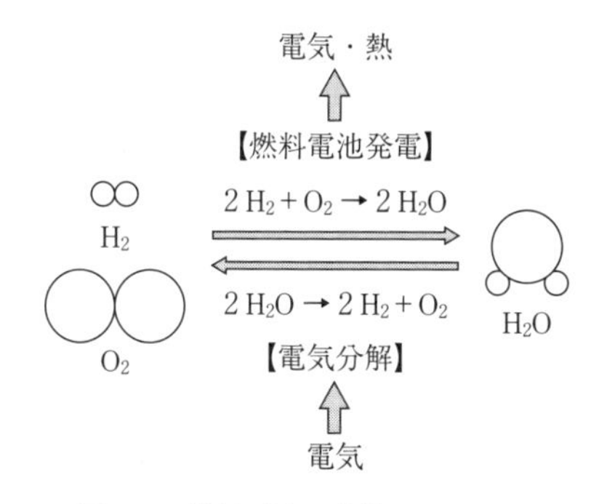

図9.1　燃料電池の動作原理の概略

9.1.1　電力発生の原理

水素を燃料とする燃料電池の構成と動作を**図9.2**に示す。**燃料極**（陰極），

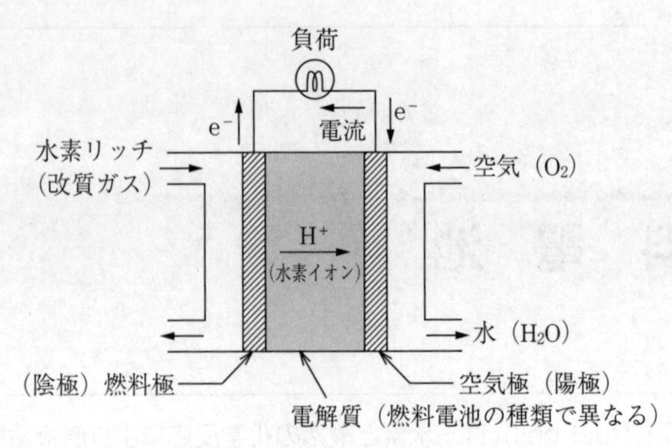

図 9.2　燃料電池の構成と動作

電解質，**空気極**（陽極）から構成され，燃料極に水素（H_2）を供給すると水素イオン（H^+）と電子（e^-）に電離する。電子は空気極に向かって外部回路を移動し，この時電力を発生する。一方，水素イオンは電解質を移動し，空気極に達すると，供給される酸素（O_2）および外部を移動してきた電子と結合して水（H_2O）が生成される。ここでの反応式を整理すると，次式で示される。

$$\text{陰極}：H_2(g) \rightarrow 2H^+ + 2e^- \tag{9.1}$$

$$\text{陽極}：\frac{1}{2}O_2(g) + 2H^+ + 2e^- = H_2O(l) \tag{9.2}$$

$$\text{全体}：H_2(g) + \frac{1}{2}O_2(g) = H_2O(l) \tag{9.3}$$

ただし，(g) は気体（ガス）状態，(l) は液体状態であることを示す。

使用する電解質によってさまざまな種類の燃料電池がある。

9.1.2　理論変換効率

熱力学の定義から化学反応で得られる理論的な最大の仕事は次式で示される。

$$\Delta G = \Delta H - T\Delta S \tag{9.4}$$

ここで，ΔG：**ギブス自由エネルギー**の変化〔kJ/mol〕，ΔH：**エンタルピー**の変化〔kJ/mol，反応熱に相当〕，T：絶対温度〔K〕，ΔS：**エントロピー**の変化〔J/mol·K〕であり，$T\Delta S$ は仕事として取り出せないエネルギーに相当する。

したがって，理想熱効率 η' は取り出せる最大のエネルギーを投入した燃料の発熱量で除したものであり，次式で与えられる。

$$\eta' = \frac{\Delta G}{\Delta H} = 1 - \frac{T\Delta S}{\Delta H} \tag{9.5}$$

すなわち，理論変換効率は反応温度が決まれば，燃料に固有のギブス自由エネルギーとエンタルピーから求めることができる。

例題 9.1　水素と酸素が反応して水が生成される場合の理論変換効率を求めなさい。

解答

標準状態（25℃＝298.15 K，1気圧）における水素の1mol当たりの $\Delta H = -285.8$ kJ/mol，$\Delta G = -237.1$ kJ/mol であるから，$\eta' = -237.1/-285.8 = 0.830$ となる。

すなわち，理論変換効率は83%であり，常温でも高い効率が得られる。

なお，計算で用いた ΔH，ΔG は生成した水（H_2O）が液体であるとした高位発熱量 HHV（higher heating value）を用いており，生成物が気体とする場合に用いる低位発熱量 LHV（lower heating value）とは値が違うので，注意が必要である。

9.1.3　理論起電力

燃料電池で発生する起電力はギブス自由エネルギーから計算することができ，両者の関係は次式で示される。

$$-\Delta G = nFE \tag{9.6}$$

ここで，n：反応に関与する電子の数（水素が燃料の場合は式（9.1）より $n=2$），F：ファラデー定数（96 485C/mol），E：理論起電力〔V〕である。したがって

$$E = -\frac{\Delta G}{nF} \tag{9.7}$$

となる。標準状態では $\Delta G = -237.1$ kJ/mol であるから $E = 1.23$〔V〕となる。

9.1.4　分　極　特　性

燃料電池の電極間に負荷を接続して電流を流すと，出力電圧は電流密度が高くなるにつれて低下する。これを分極特性と呼び，損失（電圧低下）が発生する要因は，**図 9.3** に示すように，大きくは三つに分けられる。

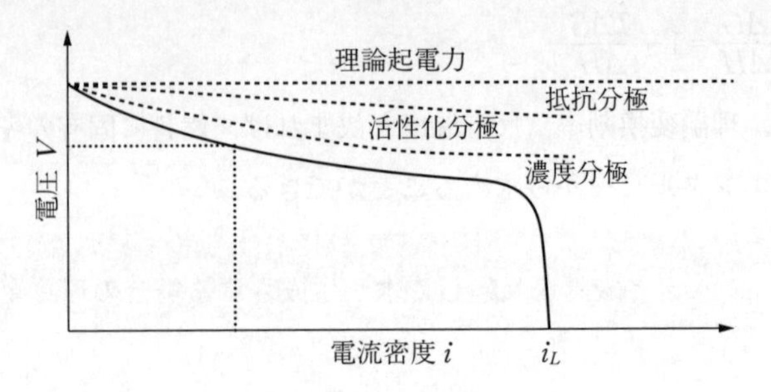

図 9.3　燃料電池の動作特性

抵抗分極は内部抵抗に起因する電圧降下で，オームの法則が成り立ち，ほぼ電流の大きさに比例して発生する。内部抵抗の原因としては，電極の電気抵抗，電極と電解質との接触抵抗，電解質のイオン移動に対する抵抗などが挙げられる。**活性化分極**は，電極での化学反応が活性化エネルギーを必要とすることに起因して発生する電圧降下である。**濃度分極**は，燃料や空気の供給，生成した水の除去の遅れなど反応物質の移動に起因してイオン濃度が低下することによって発生する電圧降下である。これらの分極を減らすために

① 電極の接触面積を大きくする。

② 反応の活性化エネルギーを低下させるために触媒を用いる。

③ 電解質の抵抗を小さくするために電解質層を薄くする。

ことについての配慮がなされている。

9.1.5　発　電　効　率

（1）　理想熱効率

理想熱効率 η' は式 (9.5) で与えられたとおりである。

$$\eta' = \frac{\Delta G}{\Delta H} = 1 - \frac{T\Delta S}{\Delta H}$$

（2） 電圧効率

実際の電池電圧は分極特性により電流とともに低下する。電圧効率 η_v は，理論起電力 E に対する実際の電池電圧 V の比率であり，次式で与えられる。

$$\eta_v = \frac{V}{E} \tag{9.8}$$

（3） 燃料利用率

通常は供給した燃料の一部は未反応のまま排出される。この比率を燃料利用率 η_f と言う。

$$\eta_f = \frac{\text{消費ガス量}(i)}{\text{供給ガス量}(i_f)} \tag{9.9}$$

（4） 熱量効率

燃料中に反応に寄与しないガス（メタンなど）が含まれる場合，熱量効率 η_h が生じる。

$$\eta_h = \frac{\text{反応ガスの熱量}(Q)}{\text{供給ガスの熱量}(Q_t)} \tag{9.10}$$

（5） 発電効率

したがって，実際の電池の発電効率 η_T は次式で与えられる。

$$\eta_T = \eta' \eta_v \eta_f \eta_h = \frac{\Delta G}{\Delta H} \frac{V}{E} \frac{i}{i_f} \frac{Q}{Q_t} \tag{9.11}$$

例題 9.2　水素を燃料とし，その他の可燃性ガスは含まない組成で燃料利用率 80%のときに，電池電圧 V=0.7〔V〕を得た。このときの発電効率を求めなさい。ただし，25℃における水素の発熱量（LHV）およびギブス自由エネルギーは下記とする。

$$\Delta H = -241.6\ \text{kJ/mol},\quad \Delta G = -228.4\ \text{kJ/mol}$$

解 答

理論変換効率は式 (9.5) より

$$\eta' = \frac{\Delta G}{\Delta H} = \frac{-228.4}{-241.6} = 94.5\%$$

理論起電力は式 (9.7) より

$$E=-\frac{\Delta G}{nF}=1.18\,V$$

したがって，電圧効率は式 (9.8) より

$$\eta_v=\frac{V}{E}=0.591\ (59.1\%)$$

燃料利用率は 80% なので

$$\eta_h=0.8$$

燃料組成中の可燃性分は水素のみなので

$$\eta_h=1.0$$

したがって，この燃料電池の発電効率は式 (9.11) より

$$\eta_T=\eta'\eta_v\eta_f\eta_h=0.447\ (44.7\%)$$

9.2　燃料電池の種類

燃料電池は，使用する燃料や電解質によってさまざまな種類がある。本節では，そのおもなものについて紹介する。

9.2.1　固体高分子形燃料電池

固体高分子形燃料電池（**PEFC**：polymer electrolyte fuel cell または **PEM**：proton exchange membrane fuel cell）とは，電解質にはイオン導電性の優れた固体高分子膜を用いた燃料電池である。構成と動作を**図 9.4** に示す。燃料極へは水素を供給し，水素イオンと電子に分離する。なお，反応が速やかに進行するように電極は白金触媒を使用したカーボン担体が使われる。電子は外部回路の負荷を経由して空気極に到達する一方，水素イオンは電解質膜を通り空気極で電子，酸素と反応して水が生成する。

実際に利用できるだけの出力を得るためには，多数の単位セルを直列に接続して出力電圧を大きくする必要がある。そのため，**図 9.5** に示すようにセパレータと呼ぶ構造材で燃料や空気の通路を確保し，かつ多数が直列にできるようにしている。

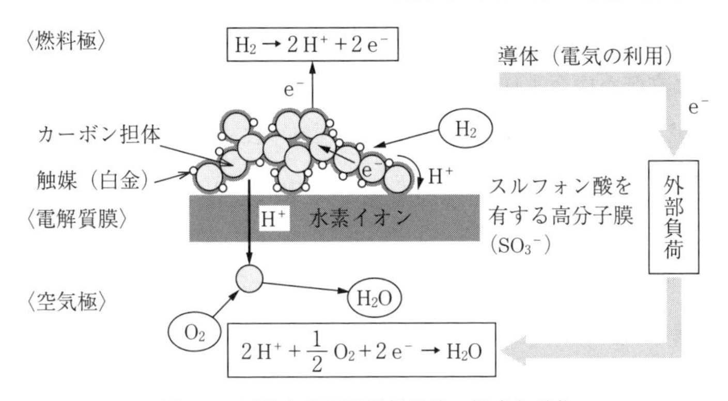

図 9.4　固体高分子形燃料電池の構成と動作

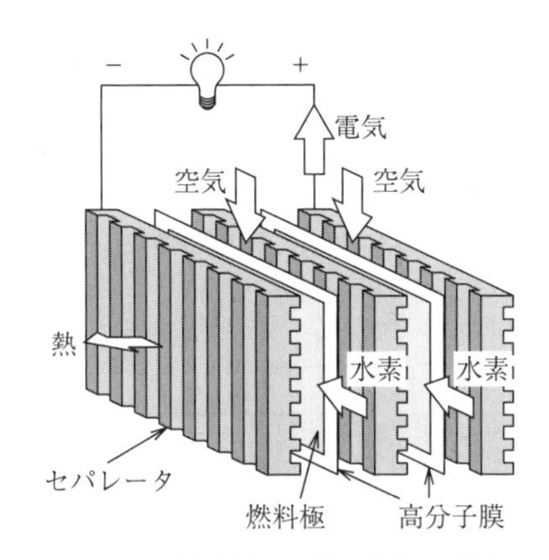

図 9.5　固体高分子形燃料電池の構造

《**特　徴**》

① 作動温度が約 70 ～ 90℃でありそれほど高くないため，迅速な起動が可能であり，また，構造材などには安価な材料が適用できる。

② 電解質の出力密度が高いため，装置をコンパクトにすることができる。このため，材料代などが安価となると同時に，自動車や家庭向けに適する。

③ 電解質は固体の高分子膜であり，液体に比べスタック設計や運転が容易である。

④ 排熱利用が可能である。ただし，60℃以下の温水である。

《課　題》

① 触媒に高価な白金を使用しているため，価格アップの要因となる。

② 触媒が一酸化炭素と結合しやすく，燃料中に一酸化炭素が存在すると被毒現象により触媒の効果が低下する。そのため，一酸化炭素の濃度に制約がある。

③ 高分子膜のイオン伝導性は膜が適度に水分を含んだ状態で発揮するため，水管理が難しい。

9.2.2　リン酸形燃料電池

リン酸形燃料電池（**PAFC**：phosphoric acid fuel cell）とは，電解質にはリン酸（H_3PO_4）水溶液を用いた燃料電池である。構成と動作を**図 9.6** に示す。燃料は水素であり，反応は PEFC と同一である。電極の触媒には白金（Pt）を使用しており，作動温度は 180 ～ 200℃程度である。

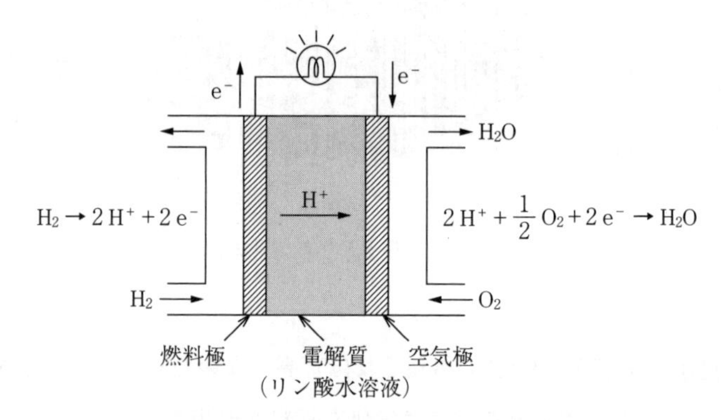

図 9.6　リン酸形燃料電池の構成と動作

構造を**図 9.7** に示す。電解質は液体であるためこれを保持する SiC の電解質層および支持層を有する。また，作動温度がやや高いため，冷却水を循環させる冷却板および冷却管を有する。

《特　徴》

① 二酸化炭素を含む燃料ガスを使用しても電解質の劣化はない。

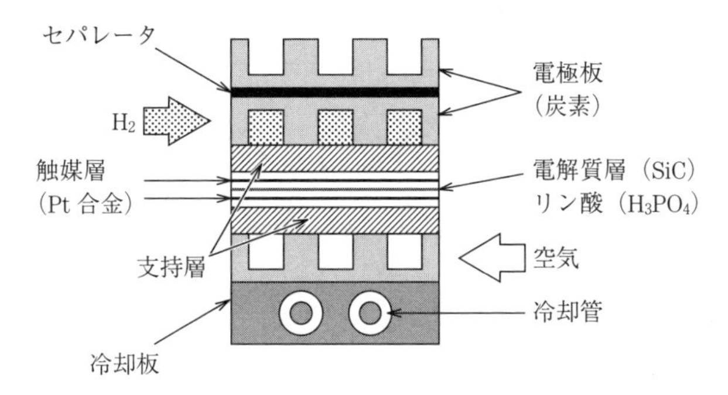

図 9.7　リン酸形燃料電池の構造

② 作動温度が 200℃程度のため，銅や鉄，フッ素樹脂を構造材に使用できる。

③ 商用機として長時間運転した実績がある。特に，工場やビル向けとして用いられている。

《課　題》

① 電解質が液体であり，また，200℃程度の高温で動作するため，システムの構造が複雑である。

② 触媒として白金を使用しているため，価格アップの要因となる。安価な触媒の開発または白金の使用量の低減が望まれる。

9.2.3　溶融炭酸塩形燃料電池

溶融炭酸塩形燃料電池（**MCFC**：molten carbonate fuel cell）とは，電解質に溶融炭酸塩（炭酸リチウム（Li_2CO_3）や炭酸カリウム（K_2CO_3），炭酸ナトリウム（Na_2CO_3））を用いた燃料電池である。構成と動作を**図 9.8** に示す。燃料は水素であるが，一酸化炭素（CO）も燃料として利用可能である。また，電解質中は水素イオンではなく炭酸イオン（CO_3^{2-}）が移動する。水素を燃料とした場合の反応は，燃料極で水素と電解質を移動してきた炭酸イオンが反応して二酸化炭素（CO_2）と水（H_2O）が生成し，外部回路に電子を放出する。空気極では酸素および二酸化炭素と外部回路を経由した電子が反応し炭酸イオンとなる。電極にはニッケル（Ni）および NiO の多孔質体が使用され，作動温度が約 650℃と高く反応が速やかに進むため触媒は不要である。

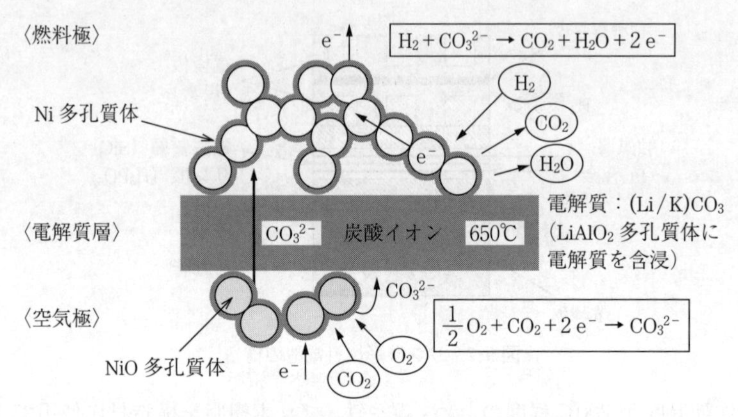

図 9.8　溶融炭酸塩形燃料電池の構成と動作

構造を**図 9.9** に示す。電解質は高温かつ溶融状態であるためこれを保持する $LiAlO_2$ 多孔質体の保持板を有する。

《特　徴》

① 動作温度が 650 ～ 700℃と高いため，貴金属触媒がなくても電気化学反応

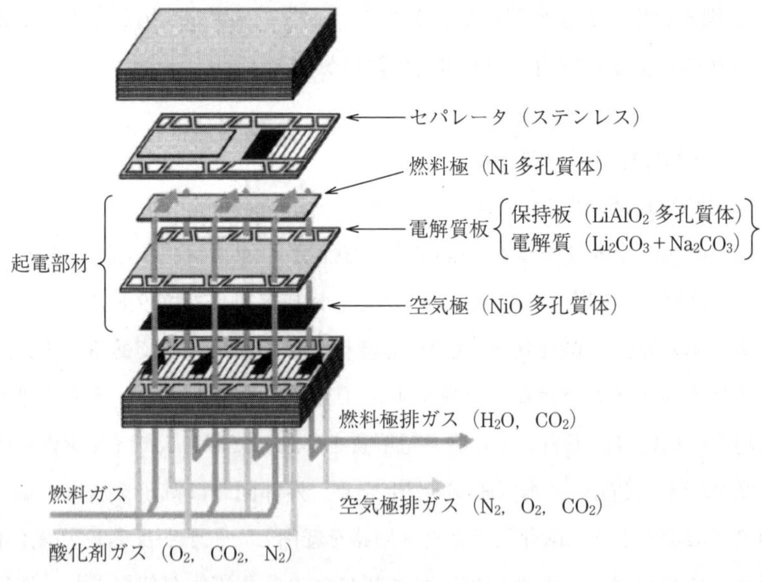

図 9.9　溶融炭酸塩形燃料電池の構造[1)]

が進行する。高価な触媒が不要である。

② 燃料に一酸化炭素が含まれても電池内で有効に作用する。

③ 天然ガス，メタノールを燃料とする場合は内部改質が可能であり，装置が簡素化できる。

④ 発電効率が高く，さらに，廃熱を蒸気タービンやガスタービンの熱源として使用できる。

《課　題》

① 高温で作動させるため，空気極から酸化ニッケルが溶出した場合には内部で短絡が発生する可能性がある。

② セパレータを構成する金属材料の腐食などにより，抵抗が増大し効率が低下する。

③ コンバインド技術の検証，商用機としての長寿命化・低コスト化など。

9.2.4 固体酸化物形燃料電池

固体酸化物形燃料電池（**SOFC**：solid oxide fuel cell）とは，電解質にはイットリア安定化ジルコニア（YSZ）などのセラミックスを用いた燃料電池である。構成と動作を**図 9.10** に示す。燃料は水素であり，電解質中は水素イオンではなく酸素イオン（O^{2-}）が移動する。すなわち，燃料極で供給された水素と電解質を移動してきた酸素イオンが反応し水を生成し電子を放出する。電子

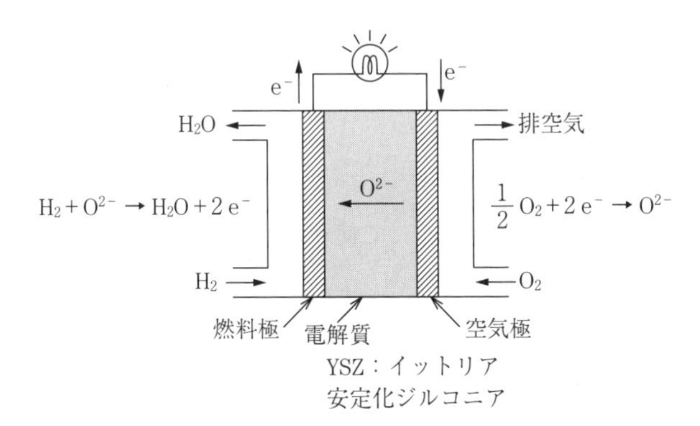

図 9.10　固体酸化物形燃料電池の構成と動作

は外部回路を移動し，空気極で酸素と反応して酸素イオンとなる。電極にはニッケルなどを使用しており，作動温度は700～1000℃程度と高いため反応が速やかに進行して，触媒は不要である。

構造は円筒形や平板形などあり，円筒縦縞形燃料電池の構造を**図9.11**に示す。中空になった空気極の中央部に空気を流し，外側の燃料極の外部に燃料を通す。セル間の電極接続のためインターコネクタが引き出され，これが縦縞に見えることが縦縞形と呼ぶ由来である。

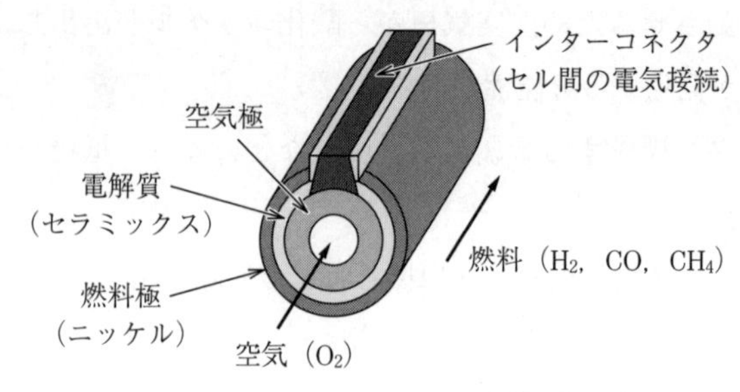

図9.11　固体酸化物形燃料電池の構造
（円筒縦縞形燃料電池）

《特　徴》

① 約1000℃で動作するため，電極反応が速やかに進行し，貴金属触媒は不要，廃熱利用可能である。

② 変換効率が高く，ガスタービンと組み合わせることにより70％の高効率も期待できる。

③ 一酸化炭素を含む石炭ガス化ガスを燃料として使える。このとき燃料極の反応式は以下である。

$$CO + O^{2-} \rightarrow CO_2 + 2e^-$$

④ メタンも改質せず直接燃料として使うことができる。

《課　題》

① 高温で動作する耐熱材料の開発。

② 熱サイクルに対する耐久性の向上。

③ セラミックス電解質の薄膜化。

9.2.5 アルカリ電解質形燃料電池

アルカリ電解質形燃料電池（**AFC**：alkaline fuel cell）とは，水酸化カリウム（KOH）などのアルカリ水溶液を電解質とする燃料電池である。構成と動作を**図 9.12** に示す。燃料極では燃料の水素と電解質を移動してきた水酸イオン（OH^-）が反応し，水を生成して電子を放出する。外部回路を移動した電子は，空気極で酸素および水と反応して水酸イオンとなる。電極の触媒にはニッケルや銀の化合物が用いられる。電解質に水溶液を用いるため，差動温度は 60 ～ 90℃と比較的低温である。

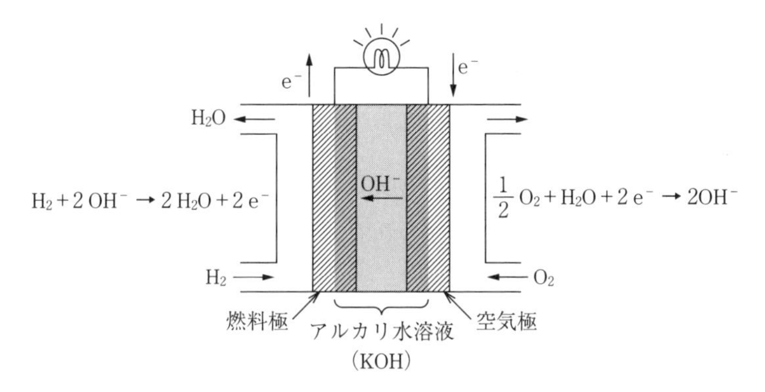

図 9.12　アルカリ電解質形燃料電池の構成と動作

システム構成を**図 9.13** に示す。電解質である水酸化カリウム（KOH）は外部にタンクを有し，セル部分の濃度が一定になるように循環させている。

《**特　徴**》

① 必ずしも白金触媒を必要としない。ニッケル，銀などが使用可能。

② 酸素の還元能力が高く，常温でも高い性能が得られる。

③ 作動温度が低く，安価な材料が使用できる。

《**課　題**》

① 水溶液が二酸化炭素を吸収すると特性が劣化するため，空気や化石燃料を改質したガスが使用できない。純水素を用いる必要がある。

② 電解液濃度を一定に保つために，複雑な生成水除去機構が必要となる。

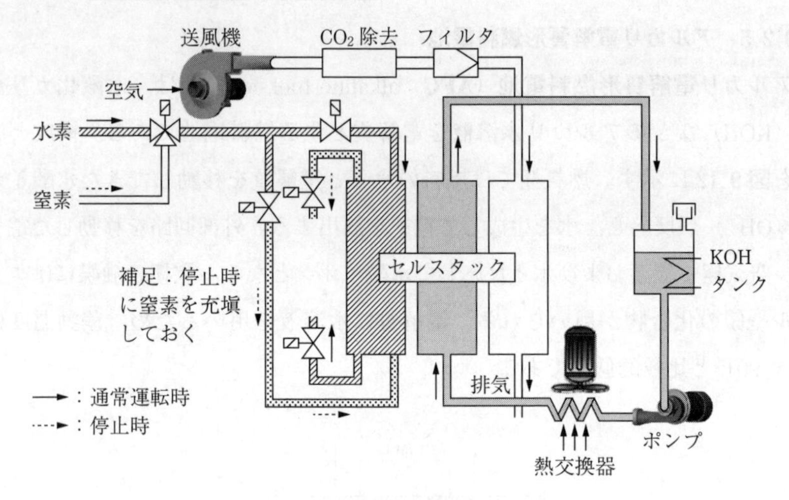

図 9.13　アルカリ電解質形燃料電池のシステム構成

③ 発熱の除去も必要であるが，作動温度が低いので排熱が利用しにくい。

これまでに，宇宙船の電源として使われている。

9.2.6　直接メタノール形燃料電池

直接メタノール形燃料電池（**DMFC**：direct methanol fuel cell）とは，燃料としてメタノール（CH_3OH）を改質せずに直接利用できる燃料電池である。構成と動作を**図 9.14** に示す。電解質には，PEFC と同様なイオン交換膜が用いられる。燃料極ではメタノールと水が直接反応して二酸化炭素と水素イオンが生成され，電子を放出する。空気極では酸素と電解質を移動してきた水素イオンと外部回路を通ってきた電子が反応して水が生成される。作動温度は 60 ～ 100℃程度と比較的低温であり，電極の触媒には白金系が使用される。

図 9.15 にパッシブ型とアクティブ型の 2 種類の構成を示す。パッシブ型は低出力であるが構造が簡素であり，ウェアラブル電子機器用として期待されている。アクティブ型は超小型のポンプなどを利用して高出力を可能としているが，複雑な機構が必要となる。ノート PC などで蓄電池よりも長時間駆動できる用途をめざしている。

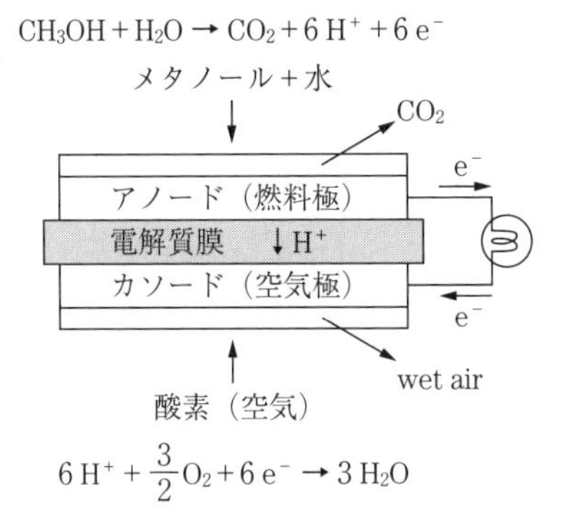

図 9.14　直接メタノール形燃料電池の構成と動作

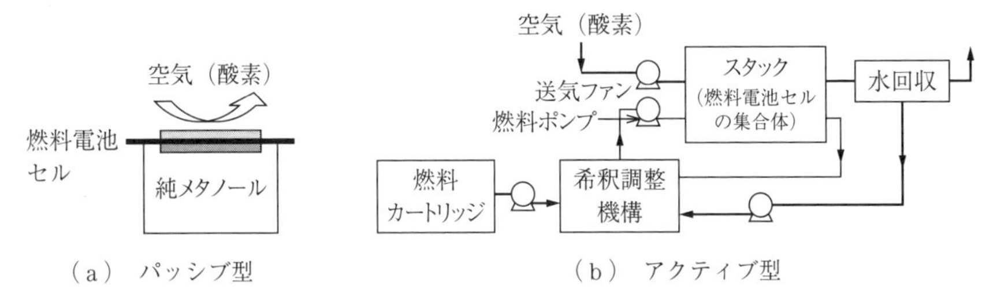

図 9.15　直接メタノール形燃料電池の構成

《特　徴》

① メタノールを直接利用でき，改質器など水素を生成する装置が不要である。

② 小型化が可能である。

《課　題》

① 電流密度が低いので，電極触媒を改良し，電流密度を向上させる。

② アルコールのクロスオーバーを防止するため，電解質膜の改良が必要である。

③ 小型の駆動機構の開発および発生する水の処理機構を開発する。

9.2.7　各種燃料電池の比較

ここまで説明してきた燃料電池について，主要な動作原理や発電効率などを比較したものを**表 9.1** に示す。

表 9.1　各種燃料電池の比較

形　式	電解質	電荷担体	反応物質	燃　料	作動温度〔℃〕	発電効率〔%〕	用　途
PEFC	固体高分子膜	H^+	H_2	水素，天然ガス，LPG，灯油	70 ～ 90	30 ～ 40	家庭用 自動車用
PAFC	リン酸水溶液	H^+	H_2	天然ガス，LPG，バイオガス	200	35 ～ 42	業務用 （ビル・工場）
MCFC	炭酸リチウム 炭酸カリウム	CO_3^{2-}	H^2 CO	天然ガス 石炭ガス化ガス	650 ～ 700	45 ～ 60	発電事業用
SOFC	ジルコニア系セラミックス	O^{2-}	H_2 CO	天然ガス 石炭ガス化ガス	700 ～ 1 000	45 ～ 65	家庭用 発電事業用
AFC	水酸化カリウム水溶液	OH^-	H_2	純水素	60 ～ 90	50 ～ 60	宇宙船用
DMFC	イオン交換膜	H^+	CH_3OH	メタノール	60 ～ 100	30 ～ 40	携帯機器用

9.3　燃料電池発電システム

燃料電池は一般的に燃料として水素が必要であるが，水素は燃料を供給するインフラがまだ十分普及していないため，燃料として利用しやすい都市ガスやプロパンガス，灯油などを改質して水素を生成する装置が必要である。電池本

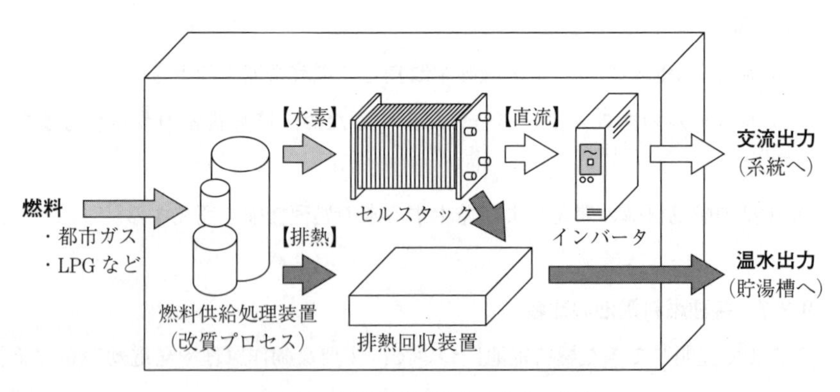

図 9.16　燃料電池発電システムの構成

体も大きな電力を取り出すためには多数の電池セルを直列に接続したスタックを構成する。また，発電した電力は直流であるが交流にしたほうが使いやすいため，インバータを利用する。

図 9.16 は固体高分子形燃料電池を例に発電システムとして必要な構成要素を示す。

9.3.1 燃料供給処理系

燃料となる水素は供給インフラが普及していないため，**改質**が必要である。改質の目的を以下に示す。

① 天然ガス（おもにメタン）から水素を作り出す。

② 脱硫（都市ガスに含まれる有機硫黄の除去）。

③ 一酸化炭素の除去（触媒の劣化防止）。

都市ガスの改質プロセスを**図 9.17** に示す。最初に脱硫により硫黄分を取り除き，つぎに 2 段階のプロセスで都市ガスのおもな燃料成分であるメタン（CH_4）から水素を生成する。最後に一酸化炭素を取り除き，改質ガスとする。なお，改質反応には高温（約 700℃以上）が必要なため，過熱バーナーで温度を上昇させ処理を進める。

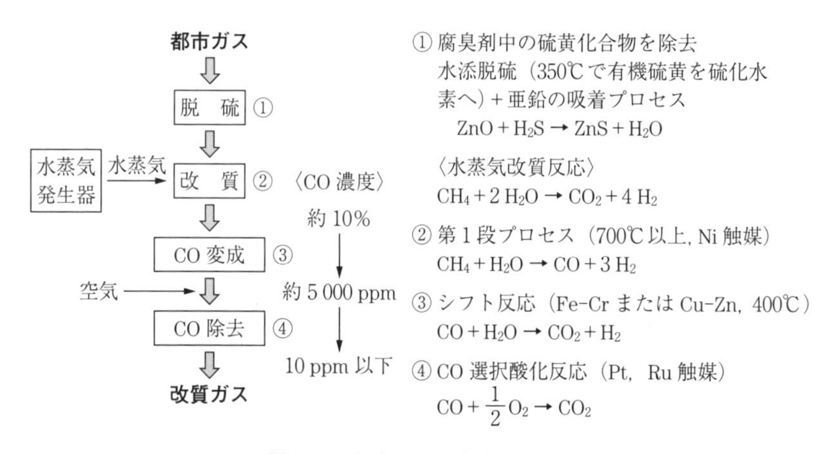

図 9.17　都市ガスの改質プロセス

9.3.2　熱交換・排熱回収装置

熱交換・排熱回収に関する装置構成と概略フローを**図 9.18** に示す。改質反応に必要な熱をより高温な処理システムからの排熱を利用したり，電池セルで反応後に残留した水素をバーナーの燃料とするなど燃料を有効利用するようにしている。最終的には排熱を熱回収することでセルスタックの作動温度を一定に保つと同時にコージェネレーションとして温水も利用できるようにしている。

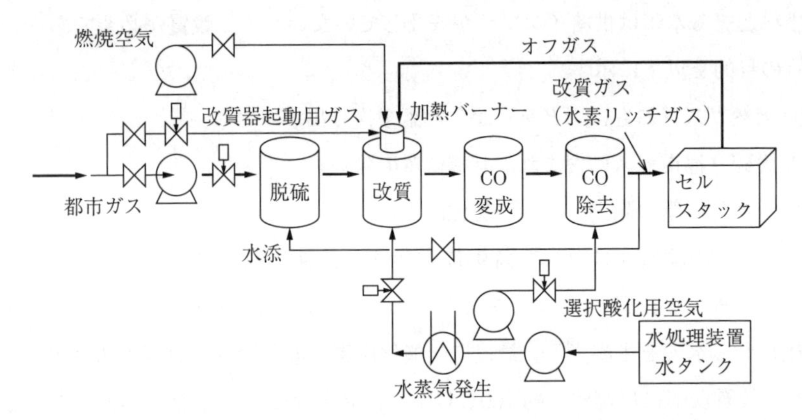

改質反応には高温（約 700℃以上）が必要なため，加熱バーナーで温度を上昇させる。

図 9.18　熱交換・排熱回収に関する装置構成と概略フロー

9.3.3　電力変換装置

発電電力（直流）を一般の負荷で使用できる交流へ変換するために**インバータ**が設けられている。関連するシステムを**図 9.19** に示す。インバータには電力品質の維持機能や系統連系保護機能も備えられていて，電力系統が異常の場

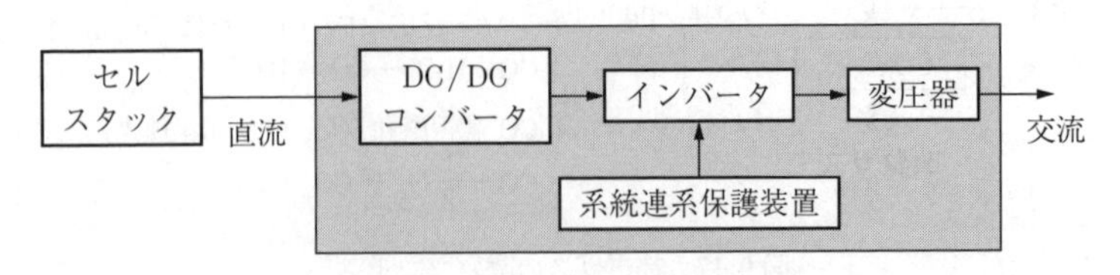

図 9.19　電力変換装置の構成

合は速やかに停止させるようにしている。ただし，最近では系統の停電が継続するような場合に，系統と切り離して自立運転する機能を有する場合もある。

9.4 熱と物質収支

燃料電池は mass and heat balance と称して，物質（mass）の収支と，熱（heat）の収支をつねに保つことで安定な運転ができるようになっている。ここでは物質収支を例に，その考え方を説明する。

改質器および電池セルスタック周りのシステムフローを**図 9.20** に示す。反応式の係数を見ていけば，発電に必要な物質組成の mol 数が算出できるので，さらに式量から重量や体積を決定することができる。以下に，1 MW 発電する場合を例に，燃料流量の計算例および空気流量の計算例を示す。

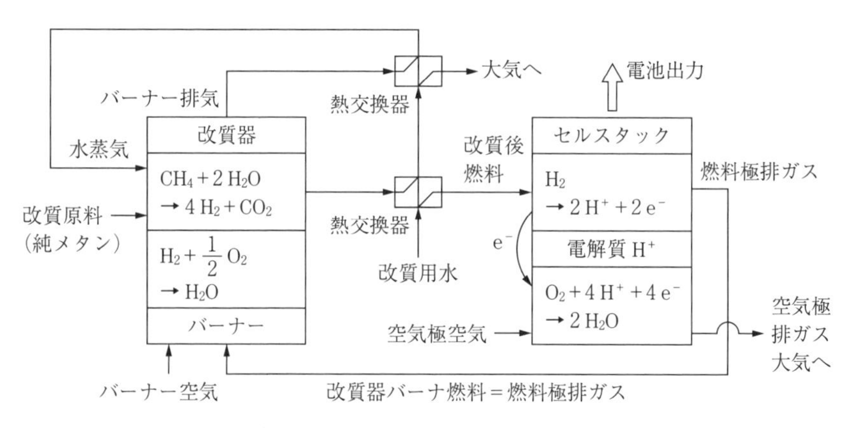

図 9.20　改質器および電池セルスタック周りのシステムフロー

（1）燃料流量の計算例

① 燃料電池の発電量を 1 MW（1 000 kW）とする。

② 電池効率を 60％とすると，セルスタックにおける水素の消費量は，1 000/0.6＝1 667 kW 相当となる。水素の熱量は 241.8 kJ/mol（LHV）であるから，1 667/241.8＝6.89 mol/s の流量となる。

③ 燃料利用率を 70％とすると，セルスタック入口の水素流量は，6.89/0.7

$=9.85$ mol/s となる。システムフロー図より，これは改質器出口の水素流量でもある。

④ 改質器における反応は，$CH_4+2H_2O \rightarrow CO_2+4H_2$ である。すなわち，水素 4 mol を生成するのに 1 mol の二酸化炭素が生成し，1 mol のメタンが必要なことがわかる。したがって，9.85 mol/s の水素を生成するためには，2.46 mol/s のメタンを必要とし，同時に 2.46 mol/s の二酸化炭素が発生する。メタンの発熱量は 890 kJ/mol であるから，もともと燃料のメタンが有していた発熱量は $2.46\times890=2\,191$ kW に相当する。

⑤ 2.46 mol/s のメタンを改質するのに必要な水蒸気は上記反応式では 2 倍の 4.92 mol/s であるが，燃料の反応を効率良く行えるように一般的に水蒸気を過剰に供給する。この比率を 2.75 倍とすると，改質器に供給する水蒸気は $2.46\times2.75=6.77$ mol/s となる。実際に反応する水蒸気は 4.92 mol/s であるから，残りの 1.85 mol/s は余剰分として水蒸気のまま改質器から排出される。

（2） 空気流量の計算例

①（1）燃料流量の計算例 ③ においてセルスタックへの水素の供給量は 9.85 mol/s，② における水素の消費量は 6.89 mol/s であるから，差分の 2.96 mol/s は余剰分として燃料極から排出される。

② 電池における反応は $H_2+(1/2)O_2=H_2O$ であるから，水素消費量の半分に相当する 3.45 mol/s の酸素が空気極で消費される。また，生成される水は水素と同量の 6.89 mol/s となる。

③ 空気の利用率を 40% とすると，空気極入口の酸素流量は $3.45/0.4=8.62$ mol/s となる。残りの 60% に相当する 5.17 mol/s の酸素は反応せずそのまま空気極から排出される。

④ 空気の組成は窒素（N_2）79%，酸素 21% であるから，空気極入口の窒素流量は $8.62/0.21\times0.79=32.4$ mol/s である。

⑤ 以上より，空気極出口のガス流量は，酸素：5.17 mol/s，窒素：32.4 mol/s，水（水蒸気）：6.89 mol/s となる。

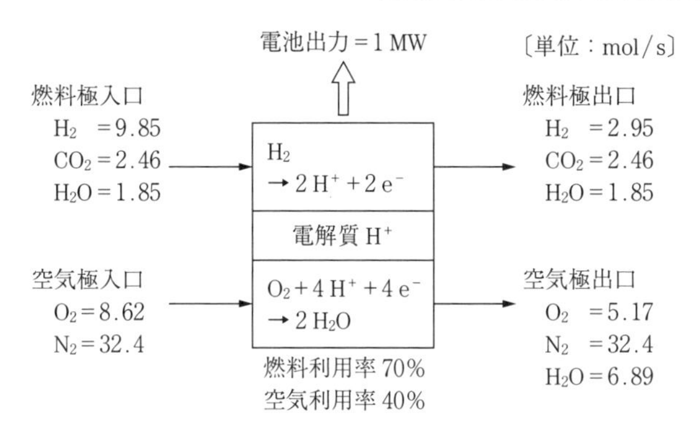

図 9.21 セルスタック周りの物質収支

セルスタック周りの物質収支をまとめると，**図 9.21** となる。

（3） 改質器バーナー周りの収支計算例

① 改質器入口の水蒸気流量は，（1）燃料流量の計算例 ⑤ より 6.77 mol/s である。

② システムフロー図より，セルスタック燃料極のガス流量＝改質器バーナー入口流量である。図 9.21 より，水素：2.95 mol/s，二酸化炭素：2.46 mol/s，水：1.85 mol/s となる。

③ 水素を燃焼させるのに必要な酸素の量は，反応式より水素流量の半分の 1.48 mol/s であるが，燃料を効率良く燃焼させるために酸素を過剰に供給し，この割合（バーナー当量比）を 1.3 とすると，$2.95/2\times1.3=1.92$ mol/s となる。

④ 空気の組成より，同時に流れる窒素の量は，$1.92/0.21\times0.79=7.22$ mol/s となる。

⑤ 以上より，バーナー入口の燃料および空気の流量は，水素：2.95 mol/s，二酸化炭素：2.46 mol/s，水：1.85 mol/s，酸素：1.92 mol/s，窒素：7.22 mol/s である。

⑥ バーナー出口では，水素が完全に燃焼するとゼロとなり，その同量の水が増加し，半分の酸素が減少することより，水素：0 mol/s，二酸化炭素：2.46 mol/s，水：4.80 mol/s，酸素：0.44 mol/s，窒素：7.22 mol/s

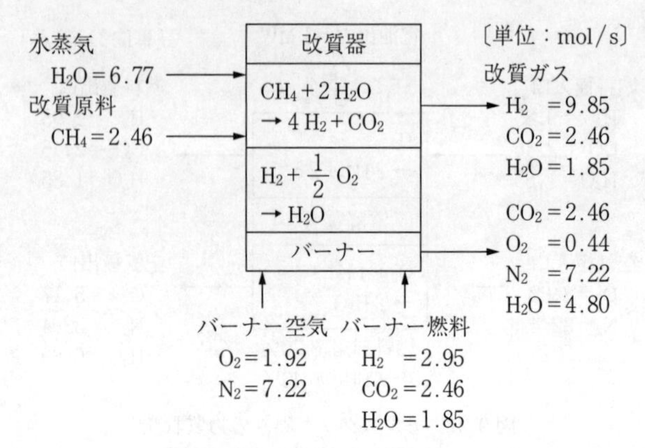

図 9.22　改質器周りの物質収支

である。

改質器周りの物質収支をまとめると，**図 9.22** となる。

なお，標準状態（0℃，1 気圧）における気体の体積は 1 mol 当たり 22.4*l* である。また，分子量あるいは式量はそのまま 1 mol 当たりの重量〔g〕となる。よって，上記の物質収支の結果より流量や重量を算出できる。

9.5　燃料電池の応用

燃料電池は**図 9.23** に示すような特徴を有しており，その導入により，環境保全，エネルギーの安定供給，高信頼化といった社会のニーズに対応できるものである。また，**図 9.24** に示すように，分散型の電源システムに適した特性を有していると言える。

9.5.1　家庭用燃料電池

家庭用燃料電池として利用されている固体高分子形燃料電池の一般的な発電効率は 30 ～ 40％程度であり，大規模火力発電所（以降系統電力と呼ぶ）の発電効率に比べて必ずしも効率が高いとは言えない。しかし，家庭に設置することによって，**図 9.25** に示すように排熱も有効活用することができ，これを

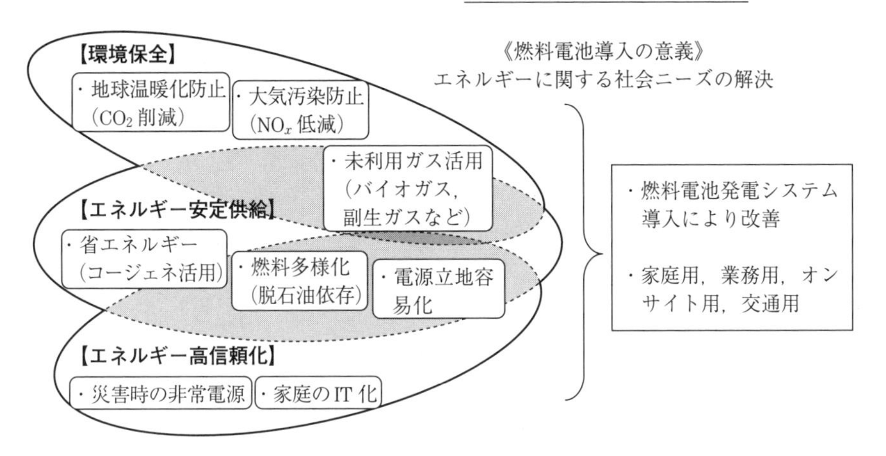

図 9.23 燃料電池導入の意義

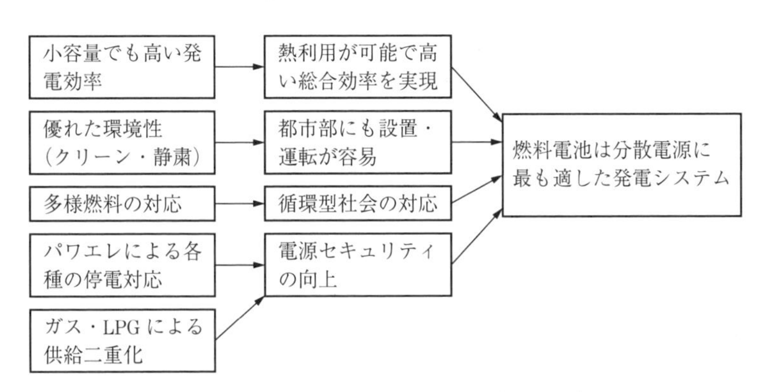

図 9.24 燃料電池が分散型電源に適する理由

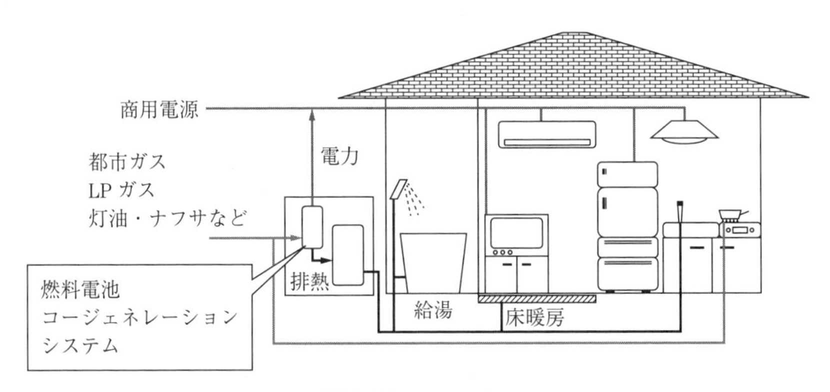

図 9.25 燃料電池コージェネレーション

コージェネレーションと呼ぶ。コージェネレーションでは同じ燃料で発電と熱利用を同時にできるので，総合効率が高くなりエネルギー消費量の削減や二酸化炭素排出量の削減に寄与することができるようになる。

エネルギー消費量の削減効果＝

$$\left(1-\frac{\text{コージェネレーション時に必要な燃料の熱量}}{\text{従来(比較対象)システムで必要な燃料の熱量}}\right)\times 100\ 〔\%〕\quad (9.12)$$

二酸化炭素排出量の削減効果＝

$$\left(1-\frac{\text{コージェネレーション時に排出する二酸化炭素の量}}{\text{従来(比較対象)システムで排出する二酸化炭素の量}}\right)\times 100\ 〔\%〕\quad (9.13)$$

以下，**図 9.26** を参照してエネルギー消費量の削減効果，二酸化炭素排出量の削減効果の試算例を示す。ここで，1 kWh の電力需要と，1 075 kcal の熱需要を想定し，発電効率 32%，コージェネレーション時の熱効率 40% の燃料電池を利用する場合と，従来システムとして平均発電効率 35.9% の系統電力と，ボイラ効率 90% の給湯ボイラを利用した場合を比較する。なお 1 cal＝4.186 J とする。

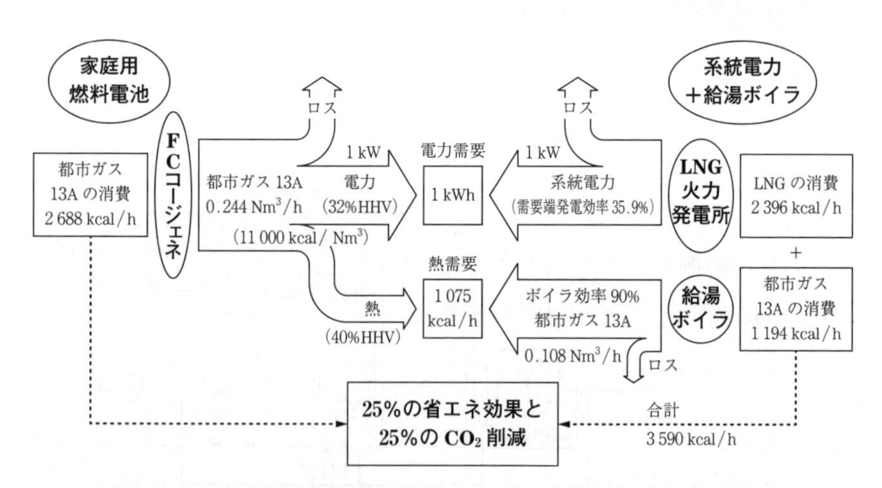

図 9.26　エネルギー消費量の削減効果，二酸化炭素排出量の削減効果試算例

（1） 家庭用燃料電池（コージェネレーションシステム）

① 電力需要が 1 kWh = 3 600 kJ = 860.1 kcal，発電効率 32％より，燃料となる都市ガスの所要量は 860.1/0.32 = 2 688 kcal である。

② 一方，熱需要 1 075 kcal，熱効率 40％であることより，燃料の所要量は 1 075/0.4 = 2 688 kcal となる。

③ コージェネレーションの場合，同じ燃料で電力と熱を同時に出力できるので，実際に必要な燃料（都市ガス）は，①と②の大きいほうである。すなわち，2 688 kcal となる。

④ 二酸化炭素排出量は，都市ガス（13 A）を燃料とする場合 0.213 5 kg－CO_2/1 000 kcal であるから，0.213 5×2 688/1 000 = 0.574 kg－CO_2 となる。

（2） 従来システム（系統電力＋給湯ボイラ）

① 電力需要が 1 kWh（860.1 kcal），発電効率 35.9％より，燃料となる LNG の所要量は 860.1/0.359 = 2 396 kcal である。

② 熱需要は 1 075 kcal，ボイラ効率 90％であることより，燃料（都市ガス）の所要量は 1 075/0.9 = 1 194 kcal となる。

③ 電気と熱はそれぞれ別の燃料を使って発生していることより，必要な燃料は，①と②の合計となり，2 396 + 1 194 = 3 590 kcal となる。

④ 二酸化炭素の排出量は，電力需要に起因する分は LNG 火力の場合 0.506 kg－CO_2/kWh，熱需要に起因する分は都市ガスを燃料とすることより 0.213 5×1 194/1 000 = 0.255 kg－CO_2 となる。したがって，合計の排出量は 0.506 + 0.255 = 0.761 kg－CO_2 となる。

（3） 削減効果

$$\text{省エネ効果（エネルギー消費量の削減効果）} = \left(1 - \frac{2\,688}{3\,590}\right) \times 100 = 25\%$$

$$CO_2\text{削減効果} = \left(1 - \frac{0.574}{0.761}\right) \times 100 = 25\%$$

9.5.2　環境調和型発電

燃料電池は化学的な発電方式であるため，化石燃料を燃焼させて発電する火力発電に比べて硫黄酸化物（SO_X），窒素酸化物（NO_X）および粒子状物質（PM）など大気汚染の原因となる物質の排出量がきわめて少ない。燃料中の硫黄分は，改質過程の前工程でほぼ取り除かれるため，排出量はほぼ0となる。NO_Xも燃料電池の発電過程では排出されないが，改質器のバーナーでわずかに発生する程度で，火力発電に比較して1/10以下である。また，騒音や振動も少ない。

燃料として現状は都市ガスやプロパンガス，灯油などの化石燃料を改質して使われる場合が多いが，バイオマスにより発生するメタンなどや，工場などで製品製造時に副生する水素やアルコールを利用すれば，再生可能エネルギーとして環境性はさらに高まる。**図9.27**に利用可能な再生可能エネルギーの例と，200 kW発電にどの程度の資源が必要かの目安を示す。

具体的な適用例として，**図9.28**に下水処理場での汚泥処理による発電例を示す。消化タンクで嫌気性処理によりメタンを発生させ，脱硫など，前処理を

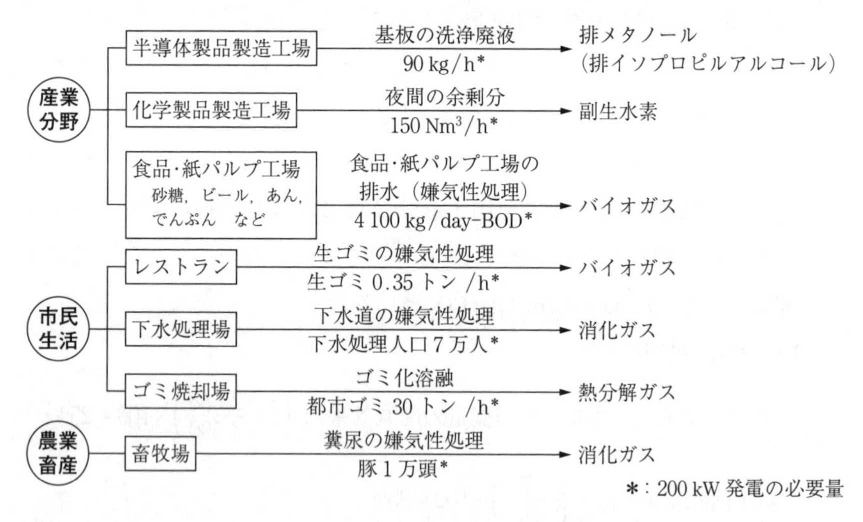

図9.27　再生可能エネルギーの利用

燃料電池の歴史

最初の燃料電池は，1839年に英国のグローブ卿が実験によって確認したものと言われている（**図1**）。1932年に英国のフランシス・ベーコンが**図2**に示すような研究開発を行っている。これは，酸素と水素を試作機に送り込み発電する，アルカリ形燃料電池の基礎となる実用化をめざしたものである。

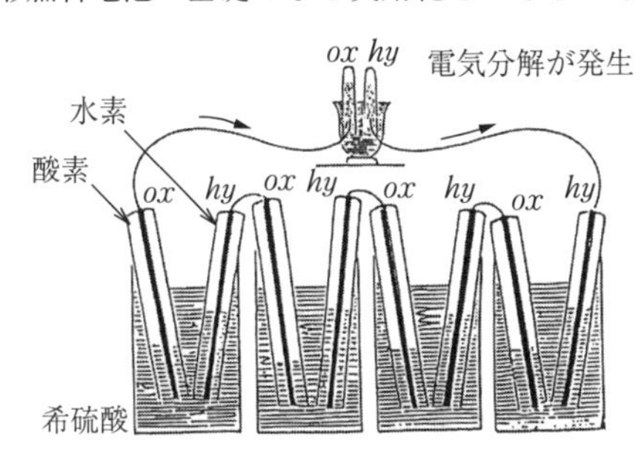

図1　グローブ卿の燃料電池[5)]

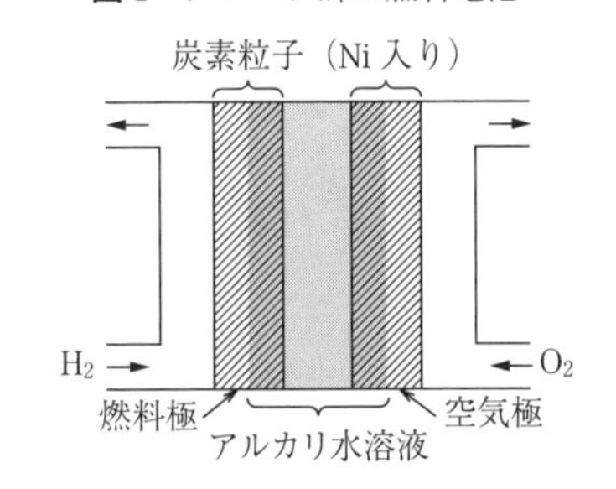

図2　ベーコンによる燃料電池

1965年には，NASA主導の国家プロジェクトとして開発された固体高分子形燃料電池が人工衛星（ジェミニ5号）に搭載された。しかし，当時は性能面の理由でアルカリ形に置き換わり，1968年には有人宇宙船アポロ7号に搭載され，以降の有人宇宙船にも搭載されるようになった。1960年代後半からは，地上での利用を目的にリン酸形燃料電池など複数の開発プロジェクトがスタートしている。日本における開発は，ムーンライト計画（1981年）より本格的に開始され，1993年にはニューサンシャイン計画の中でリン酸形燃料電池の開発が行われ，1996年には最初の商用機が市場に出た。1995年ごろより，固体高分子形燃料電池の高性能化が進み，燃料電池自動車や家庭用燃料電池の研究開発もスタートしている。

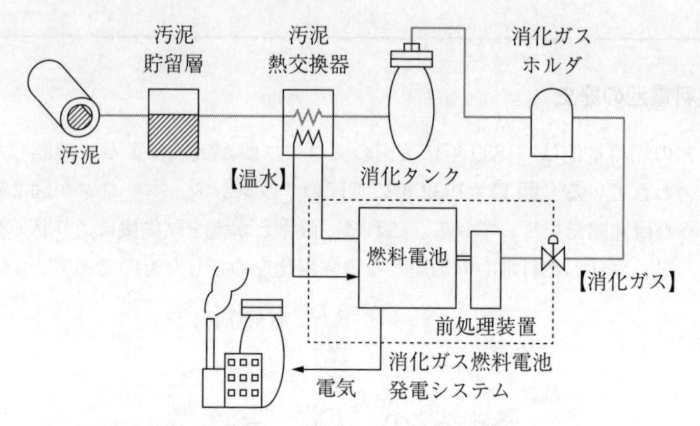

図 9.28　下水処理場での汚泥処置による発電例[2)]
〔出典：篠崎ほか,「汚泥消化ガス燃料電池発電システム」,
東芝レビュー，**55**（6），(2000）より転載〕

した後に燃料電池で発電する。また，牧畜場でのバイオマス利用は，国内だけでなく世界にまだ多く残る非電化地域にも適用が可能で，今後の普及が期待される。

章　末　問　題

【9.1】 固体高分子形燃料電池（PEFC）を例にとり，燃料極および空気極の反応式を記述しなさい。

【9.2】 低温作動燃料電池の代表としてPEFC，高温作動燃料電池の代表としてSOFCを比較し，それぞれの特徴と限界（課題）を比較しなさい。

【9.3】 水素組成の燃料ガスと空気で燃料利用率80%のとき，電池電圧 $V=0.68\,\mathrm{V}$ を得た。このときの理論起電力，理論変換効率と発電効率を求めなさい。なお，燃料中の可燃成分は水素のみとする。ただし25℃における水素の発熱量およびファラデー定数は下記とする。

$\Delta H=-285.8\,\mathrm{kJ/mol}$，$\Delta G=-237.1\,\mathrm{kJ/mol}$，

ファラデー定数　$F=96\,485\,\mathrm{C/mol}$

【9.4】 固体高分子型燃料電池（PEFC）において燃料（都市ガス）を改質する理由（目的）を三つ述べなさい。

【9.5】 以下に，1 kW 家庭用燃料電池の 1 時間当たりの発生電力と熱を全量有効に活用した場合の従来システム（系統電力＋給湯ボイラ）に対する省エネ効果と CO_2 削減効果の例を示す。では，熱需要が半分となった場合の省エネ効果と CO_2 削減効果を示しなさい。

〈家庭用燃料電池（コージェネレーション）の場合〉

電力需要：1 kWh（発電効率 32%），熱需要：1 075 kcal（効率 40%）

都市ガス消費量：2 688 kcal

CO_2 排出量：0.213 5 kg－CO_2/1 000 kcal として 0.574 kg－CO_2

〈従来システム（系統電力＋給湯ボイラ）の場合〉

電力需要：1 kWh（発電効率 35.9%），熱需要：1 075 kcal（効率 90%）

電力需要に要する LNG 消費量	：2 396 kcal
熱需要に要する都市ガス消費量	：1 194 kcal
合計の燃料消費量	：3 590 kcal

電力需要で排出する CO_2	：0.506 kg－CO_2
熱需要で排出する CO_2	：0.255 kg－CO_2
合計の CO_2 排出量	：0.761 kg－CO_2

〈省エネ効果〉

$$\left(1-\frac{2\,688}{3\,590}\right)\times 100 = 25\%$$

〈CO_2 削減効果〉

$$\left(1-\frac{0.574}{0.761}\right)\times 100 = 25\%$$

【9.6】 燃料電池は分散形電源に適するものとして期待されている。そのおもな理由を三つ述べなさい。

第10章
内燃機関による発電

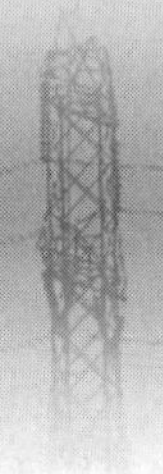

熱機関とは，熱エネルギーを仕事に変換して動力を得るものであり，**内燃機関**（internal combustion engine）と**外燃機関**（external combustion engine）に大別される。内燃機関は，ガソリンエンジンやディーゼルエンジンなど，機関の内部で燃料を燃焼させ，作動ガスを加熱して動力とする。一方，外燃機関とは，熱源が機関の外部にあり，機関内の作動ガスを加熱するもので，蒸気タービンが該当する。

内燃機関において，動力を取り出す機構は，ピストン式とタービン式に大別される。ピストン式は，作動ガスの状態変化をピストンの往復運動に変えるものである。タービン式は，作動ガスをタービン翼にあてて回転力に変えるものである。

本章では，内燃機関であるピストンエンジンやガスタービンの構造，動作原理，効率について説明する。

10.1　ピストンエンジン

10.1.1　ピストンエンジンの構造

ピストンエンジン（レシプロエンジン）は**4サイクルエンジン**（4ストロークエンジン）と**2サイクルエンジン**（2ストロークエンジン）に大別される。4サイクルエンジンは**図10.1**（a）に示すように，ピストンがシリンダ内を移動する4行程（2往復）で動作する。

① 吸入行程：燃料と空気の混合気をシリンダに吸気

② 圧縮行程：ピストンが上昇し混合気を圧縮

③ 燃焼行程：燃料に点火して燃焼・膨張

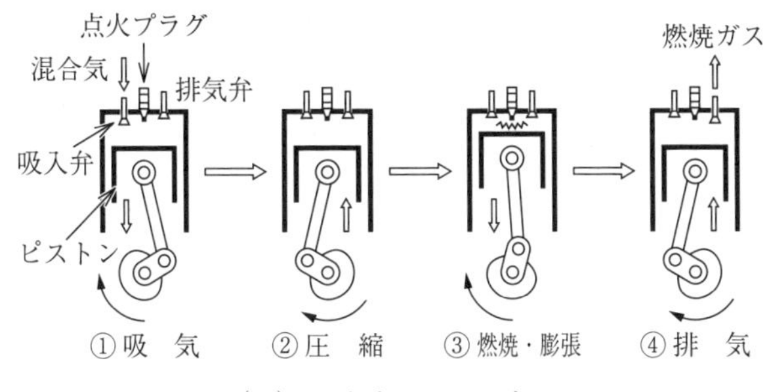

（a）　4サイクルエンジン

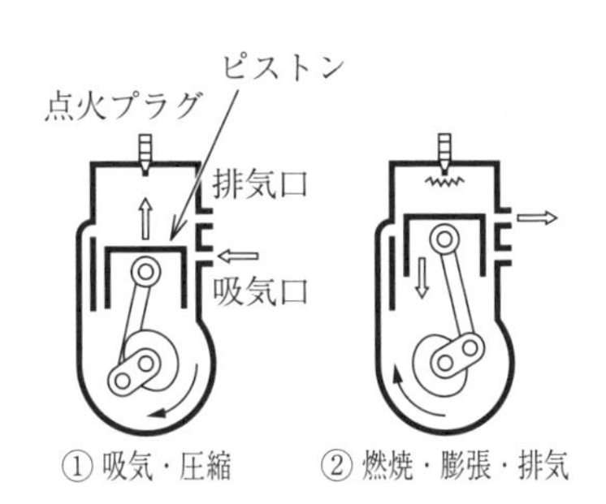

（b）　2サイクルエンジン

図10.1　4サイクルエンジンと2サイクルエンジンの行程

④排気行程：ピストンが慣性により上昇し燃焼ガスを排気

一方，2サイクルエンジンは，図（b）に示すように二つの行程（1往復）で動作する。

①上昇行程：ピストンが上昇する間に混合気を吸気→圧縮

②下降行程：燃料に点火し燃焼により膨張→排気

なお，燃料の点火方法は，ガソリンエンジンのように点火プラグで着火する方法と，ディーゼルエンジンのように高温に圧縮した空気中に燃料を噴射して自然着火する方法がある。

図10.2に4サイクルエンジンと2サイクルエンジンのp-V線図を示す。4サイクルエンジン（図（a））は，排気および吸気の行程はほぼ大気圧下で行われる。大気圧中に高温の燃焼ガスを排出し，常温の混合気を吸気したと考えると，単に熱を放出した（作動ガスの冷却過程）と考えることができる。この

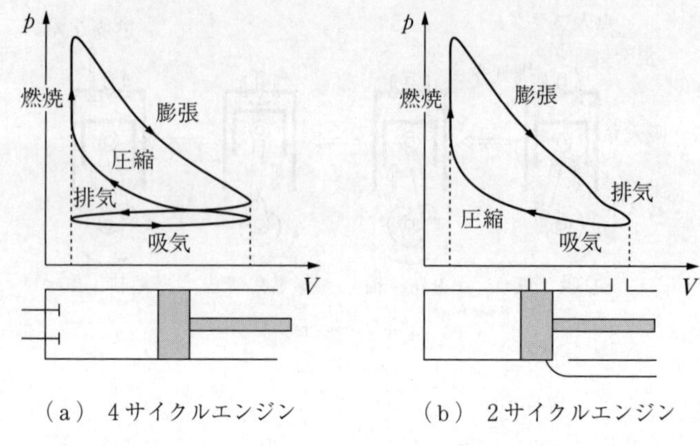

（a） 4サイクルエンジン　　（b） 2サイクルエンジン

図 10.2　4サイクルエンジンと2サイクルエンジンの p-V 線図[1)]

ように考えると，図（b）の2サイクルエンジンとほぼ同じ p-V 線図の形状であり，理論熱効率を考える上では大差がないと言える。

10.1.2　オットーサイクル

火花点火式のピストンエンジンサイクルを**オットーサイクル**（otto cycle）と言う。この方式を利用するものは，ガソリンエンジンで代表され，ガスエンジンでもほぼ同じである。この方式の特性は，点火プラグで燃料と空気の混合気に点火することより，急速に燃料の燃焼が進み，燃焼過程は等容変化と見なすことができる。また，圧縮過程と膨張過程は，外部との熱のやり取りが生じないため断熱変化と見なすことができる。

図 10.3 に，オットーサイクルの p-V 線図を示す。前述したように $0 \rightarrow 1$ の行程ではピストンが一往復するが（排気，吸気），この過程を理想化し，等容放熱 $4 \rightarrow 1$ として扱う。以下に，図中の状態の番号に対応させて，各過程の状態変化について説明する。

（1）　断熱圧縮過程（1 → 2）

ピストンが燃料と空気の混合気を圧縮する過程である。外部と熱のやり取りがない断熱変化であり，燃焼ガスの比熱比を κ とすると，圧力 p〔Pa〕と容積 V〔m^3〕に関して pV^{κ} = 一定の関係があるから

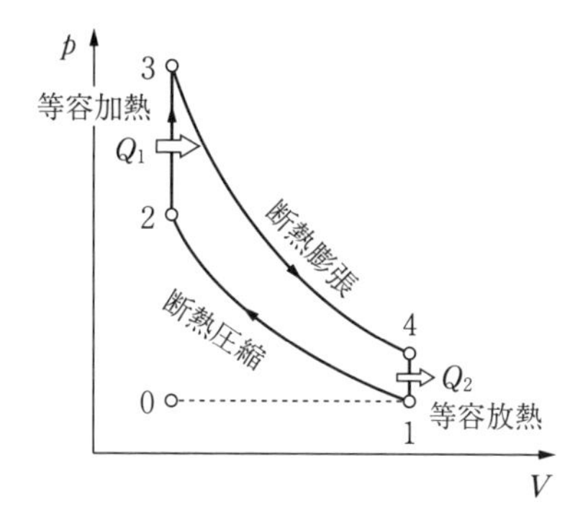

図 10.3　オットーサイクルの p-V 線図

$$p_1 V_1^{\kappa} = p_2 V_2^{\kappa} \tag{10.1}$$

であり，質量 m〔kg〕の理想気体の状態式 $pV = mRT$ を代入すると（ただし，R はガス定数〔J/(kg·K)〕，T は温度〔K〕）

$$\frac{T_1}{T_2} = \left(\frac{V_2}{V_1}\right)^{\kappa-1} \tag{10.2}$$

の関係が得られる。ここで，**圧縮比** ϵ を次式で定義する。

$$\epsilon = \frac{V_1}{V_2} \tag{10.3}$$

式 (10.2) に式 (10.3) を代入すると，次式となる。

$$\frac{T_1}{T_2} = \frac{1}{\epsilon^{\kappa-1}} \tag{10.4}$$

（2）　等容加熱過程（2 → 3）

点火プラグにより混合気に着火して，爆発的に燃焼する過程である（等容変化）。燃焼ガスが燃焼反応により受ける熱量を Q_1〔J〕，等容比熱 c_v〔J/(kg·K)〕とすると，次式となる。

$$Q_1 = mc_v(T_3 - T_2) \tag{10.5}$$

（3）　断熱膨張過程（3 → 4）

高温高圧の燃焼ガスが膨張して，ピストンを押し出し，外部に仕事を行う過程である。断熱変化であることより，（1）同様，次式の関係がある。

$$\frac{T_4}{T_3}=\left(\frac{V_3}{V_4}\right)^{\kappa-1}=\left(\frac{V_2}{V_1}\right)^{\kappa-1}=\frac{1}{\epsilon^{\kappa-1}} \tag{10.6}$$

（4） 等容放熱過程（4 → 1）

排気および吸気を行う 0 → 1 の行程を等容での放熱過程と見なしたものであり，燃焼ガスの放熱量を Q_2 とすると（2）同様に次式の関係がある。

$$Q_2=mc_v(T_4-T_1) \tag{10.7}$$

（5）熱　効　率

以上より，オットーサイクルの理論熱効率 η_{th} を求めると，加熱量（受熱量）Q_1 と取り出した仕事 W の比として表されるので

$$\eta_{th}=\frac{W}{Q_1}=\frac{Q_1-Q_2}{Q_1}=1-\frac{Q_2}{Q_1} \tag{10.8}$$

となり，式 (10.4) ～ (10.7) の関係から次式となる。

$$\eta_{th}=1-\frac{Q_2}{Q_1}=1-\frac{T_4-T_1}{T_3-T_2}$$

$$=1-\frac{T_3/\epsilon^{\kappa-1}-T_2/\epsilon^{\kappa-1}}{T_3-T_2}=1-\frac{1}{\epsilon^{\kappa-1}} \tag{10.9}$$

オットーサイクルの熱効率を向上するためには，式 (10.9) において，比熱比 κ は燃料によってほぼ決まるため自由に調整できず，圧縮比 ϵ を大きくすることで実現する。しかし，圧縮比を大きくしすぎると，圧縮の途中で混合気の温度が上がりすぎ，点火プラグで点火する前に自然着火し異常燃焼＝ノッキング（エンジンに金属性の打撃音，破損の原因）が発生しやすくなる。このため，一般のガソリンエンジンでは圧縮比が 9 ～ 10 程度である。

10.1.3　ディーゼルサイクル

ディーゼルエンジンは軽油や重油などを燃料とし，点火プラグを使用せずに着火する方式であり，そのサイクルを**ディーゼルサイクル**（diesel cycle）と言う。ここでは，空気のみを吸入・圧縮して高温・高圧の状態にし，ここに燃料を噴射すると自発的に着火し燃焼する。燃焼の伝搬は比較的穏やかであり，圧

力一定の燃焼と見なせる。燃焼が穏やかであることより，大型かつ低速回転エンジンに向いたサイクルである。

図 10.4 に，ディーゼルサイクルの p-V 線図を示す。オットーサイクル同様，0-1 の行程ではピストンが一往復するが（排気，吸気），この過程を理想化し，等容放熱 4 → 1 として扱う。以下，図中の状態の番号に対応させて，各過程の状態変化について説明する。

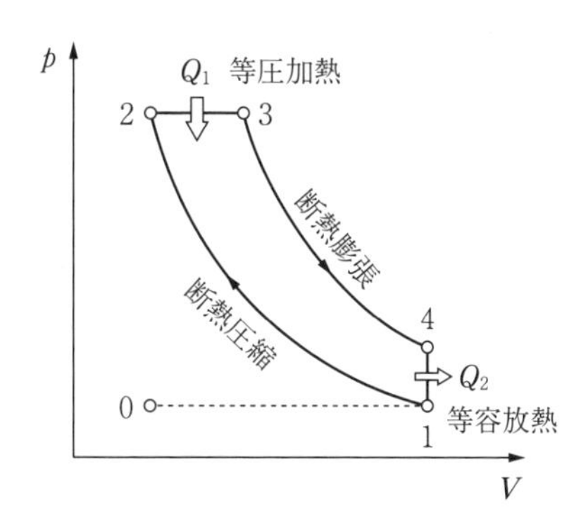

図 10.4　ディーゼルサイクルの p-V 線図

（1）　断熱圧縮過程（1 → 2）

ピストンが空気を圧縮する過程で，断熱変化であるため，$pV^{\kappa}=$一定であるから

$$p_1 V_1^{\kappa} = p_2 V_2^{\kappa} \tag{10.10}$$

となり，理想気体の状態式 $pV=mRT$ として圧縮比 ϵ を用いると次式となる。

$$\frac{T_1}{T_2} = \left(\frac{V_2}{V_1}\right)^{\kappa-1} = 1 - \frac{1}{\epsilon^{\kappa-1}} \tag{10.11}$$

（2）　等圧加熱過程（2 → 3）

高温高圧の空気中に燃料が噴射されて，燃焼が穏やかに伝搬する等圧変化であり，燃焼ガスが燃焼反応により受ける熱量を Q_1，定圧比熱 c_p とすると次式となる。

$$Q_1 = mc_p(T_3 - T_2) \tag{10.12}$$

また，等圧変化であることより次式の関係が成り立つ。

$$\frac{V_2}{V_3}=\frac{T_2}{T_3} \tag{10.13}$$

（3） 断熱膨張過程（3 → 4）

高温高圧の燃焼ガスが膨張してピストンを押し出し，仕事を行う過程である。断熱変化であることより，（1）同様，次式の関係がある。

$$\frac{T_4}{T_3}=\left(\frac{V_3}{V_4}\right)^{\kappa-1} \tag{10.14}$$

（4） 等容放熱過程（4 → 1）

排気および吸気を行う 0 → 1 の行程を等容での放熱過程と見なしたものであり，燃焼ガスの放熱量を Q_2 とすると次式となる。

$$Q_2=mc_v(T_4-T_1) \tag{10.15}$$

（5） 熱　効　率

ディーゼルサイクルの理論熱効率 η_{th} は，加熱量（受熱量）Q_1 と取り出した仕事 W の比であり，式 (10.12)，(10.15) より

$$\eta_{th}=\frac{W}{Q_1}=1-\frac{Q_2}{Q_1}=1-\frac{c_v\left(T_4-T_1\right)}{c_p\left(T_3-T_2\right)}=1-\frac{1}{\kappa}\frac{T_4-T_1}{T_3-T_2} \tag{10.16}$$

となる。等圧膨張比，または噴射の**締切比** σ を以下で定義する。

$$\sigma=\frac{V_3}{V_2} \tag{10.17}$$

締切比と圧縮比を用いると，式 (10.11)，(10.13) および式 (10.14) は，それぞれ次式となる。

$$\left.\begin{aligned}&\frac{T_2}{T_1}=\epsilon^{\kappa-1}\\&\frac{T_3}{T_2}=\sigma\\&\frac{T_4}{T_3}=\left(\frac{V_3}{V_4}\right)^{\kappa-1}=\left(\frac{\sigma}{\epsilon}\right)^{\kappa-1}\end{aligned}\right\} \tag{10.18}$$

式 (10.8) を式 (10.16) に代入すると，ディーゼルサイクルの理論熱効率が

求められる。

$$\eta_{th}=1-\frac{1}{\epsilon^{\kappa-1}}\frac{\sigma^{\kappa}-1}{\kappa(\sigma-1)} \tag{10.19}$$

式 (10.18) において，比熱比 κ は燃料によってほぼ決まるため，調整できない。したがって，圧縮比 ε を大きくする，または，締切比 σ を小さくすることで効率向上が見込める。ただし，ディーゼルエンジンの出力調整は燃料の噴射量（締切比）を調整しているため σ を小さい値に固定できない。これに対して圧縮比は空気のみゆえ大きくでき，一般のディーゼルエンジンでは圧縮比 $\varepsilon=17\sim23$ 程度としている。ただし，圧縮比を高めると高圧となり，耐圧構造で重量が重くなる点は注意が必要である。

例題 10.1　圧縮比が 20，締切比が 1.5 のディーゼルサイクルにおいて，断熱圧縮前の圧力が 0.1 Mpa であるとき，（a）サイクルの理論熱効率，（b）サイクル中の最高圧力を求めなさい。ただし，比熱比は $\kappa=1.4$ とする。

解答

（a）　サイクルの理論熱効率

$\varepsilon=20$，$\sigma=1.5$ であるから，式 (10.19) より

$$\eta_{th}=1-\frac{1}{\epsilon^{\kappa-1}}\frac{\sigma^{\kappa}-1}{\kappa(\sigma-1)}=1-\frac{1}{20^{1.4}}\frac{1.5^{1.4}-1}{1.4(1.5-1)}=0.671\ (67.1\%)$$

となる。熱効率は締切比 σ によって変化し，σ が小さいほど良くなる。

（b）　サイクル中の最高圧力

図 10.4 より，最高圧力は p_2 であるから，式 (10.3)，(10.10) より

$$p_2=p_1\left(\frac{V_1}{V_2}\right)^{\kappa}=p_1\epsilon^{\kappa}=0.1\times10^6\times20^{1.4}=6.63\ \mathrm{MPa}$$

となる。圧力が高いので，燃料噴射のために高圧の噴射ポンプが必要である。

10.1.4　エンジンの熱効率

内燃機関の理論熱効率 η_{th} をまとめると以下となる。

オットーサイクル　　$\eta_{th}=1-\dfrac{1}{\epsilon^{\kappa-1}}$　　(10.20)

ディーゼルサイクル　　$\eta_{th}=1-\dfrac{1}{\epsilon^{\kappa-1}}\times\dfrac{\sigma^{\kappa}-1}{\kappa(\sigma-1)}$　　(10.21)

ここで，比熱比 $\kappa=c_p/c_v$，圧縮比 $\epsilon=V_1/V_2$，締切比 $\sigma=V_3/V_2$ である。

比熱比 $\kappa=1.4$ として，二つのサイクルの理論熱効率を**図 10.5** に示す。ディーゼルサイクルでは締切比 σ をパラメータとしている。熱効率を高くするためには，圧縮比 ϵ を大きくすれば良い。ディーゼルサイクルは，高い圧力比で運転できるため，高効率＝高い経済性を期待できる。

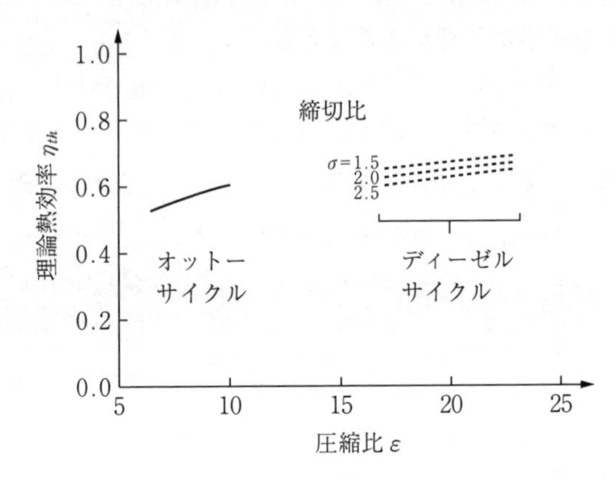

図 10.5　オットーサイクルとディーゼルサイクルの理論熱効率[1)]

10.2　ガスタービン

ガスタービン（gas turbine）とは，回転式の圧縮機を用いて空気を連続的に取り込み，燃焼器で燃焼した高温高圧の燃焼ガスで，タービンを回転させて外部へ仕事を取り出すと同時に圧縮機を駆動するものである。

10.2.1　ガスタービンの構造

ガスタービンの基本構造を**図 10.6** に示す。圧縮機，燃焼器，タービンから

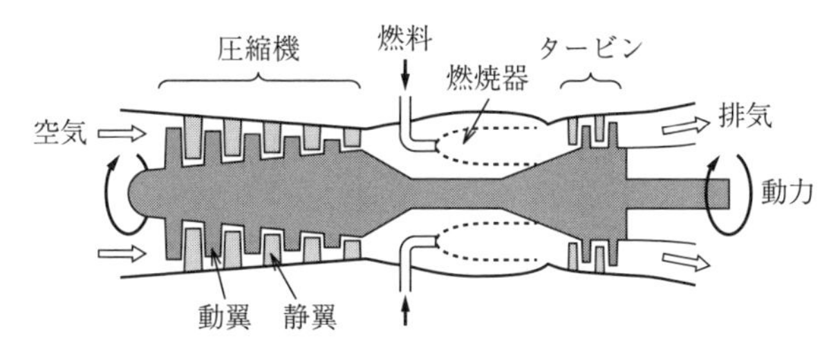

図 10.6　ガスタービンの構造

構成され，タービンにより圧縮機と動力を取り出す発電機が駆動される。なお，開放型と密閉型の2種類ある。開放型は図10.6のとおり，空気を取り込み，圧縮したのち燃焼させて，排気ガスは大気中に放出する方式である。その特長は小型で大出力が可能，冷却装置が不要，回転機関であり往復運動からの変換が不要など挙げられる。熱効率はピストンエンジンより低いが排熱を利用する複合サイクルとして高い総合効率が可能である。密閉型は，燃焼器を用いず，高温の排熱などを利用して作動ガスを加熱して高温高圧の状態にし，タービンを駆動したのち，作動ガスを冷却する循環方式である（外燃機関）。

10.2.2　ブレイトンサイクル

ブレイトンサイクル（brayton cycle）は，ガスタービンの基本サイクルでその構成図と p-V 線図を**図 10.7** に示す。図において，（a）と（b）の状態の番号は対応しており，以下に，各過程における状態変化について説明する。なお，燃焼器における燃焼過程は等圧で行われるため，等圧燃焼サイクルとも言う。

（1）　**断熱圧縮過程（1 → 2）**

圧縮機に取り込んだ空気を，外部と熱のやり取りがない断熱状態で圧縮する過程である。それぞれの状態の温度を T_1，T_2，圧力を p_1，p_2，比熱比 κ をとすると，次式の関係がある。

$$\frac{T_1}{T_2}=\left(\frac{p_1}{p_2}\right)^{(\kappa-1)/\kappa} \tag{10.22}$$

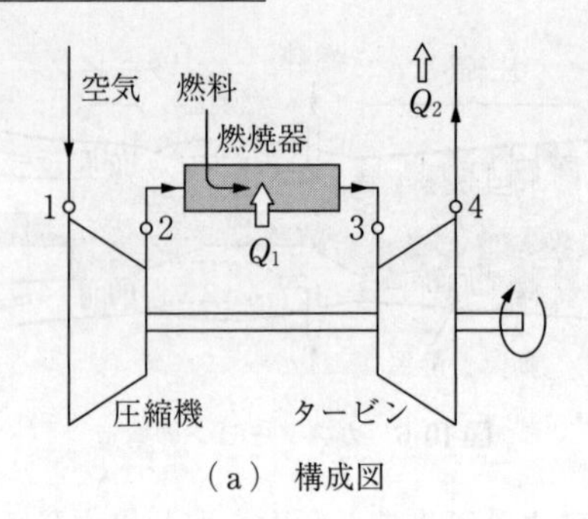

（a） 構成図

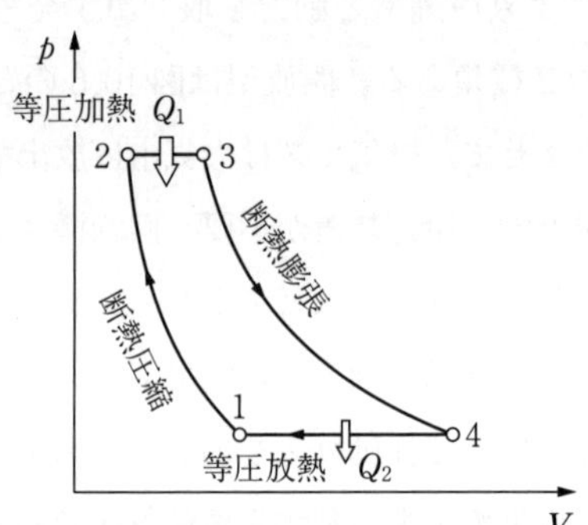

（b） p-V 線図

図 10.7 ブレイトンサイクル

（2） 等圧加熱過程（2 → 3）

燃焼器において，燃料と圧縮空気が連続的に燃焼し，加熱が等圧過程で行われる。燃焼ガスが燃焼反応により受ける熱量を Q_1，定圧比熱 c_p とすると次式で示される。

$$Q_1 = mc_p(T_3 - T_2) \tag{10.23}$$

（3） 断熱膨張過程（3 → 4）

高温高圧の燃焼ガスがタービンを回転させる（仕事をする）過程である。断熱変化であり，（1）同様次式の関係で示される。

$$\frac{T_4}{T_3} = \left(\frac{p_4}{p_3}\right)^{(\kappa-1)/\kappa} = \left(\frac{p_1}{p_2}\right)^{(\kappa-1)/\kappa} \tag{10.24}$$

（4） 等圧放熱過程（4 → 1）

燃焼ガスを直接放熱するわけではないが，燃焼ガスを大気へ放出し，大気中から新しい空気を取り込むことより，等圧での放熱過程と見なす。燃焼ガスの放熱量を Q_2 とすると，次式となる。

$$Q_2 = mc_p(T_4 - T_1) \tag{10.25}$$

（5） 熱　効　率

理論熱効率 η_{th} は，式（10.23）と式（10.25）より，次のように求められる。

$$\eta_{th} = \frac{W}{Q_1} = 1 - \frac{Q_2}{Q_1} = 1 - \frac{T_4 - T_1}{T_3 - T_2} \tag{10.26}$$

ブレイトンサイクルでは，圧縮過程の**圧力比** φ を次式で定義する。

$$\varphi = \frac{p_2}{p_1} \tag{10.27}$$

圧力比 φ を用いると，式（10.22）と式（10.24）は次式になる。

$$\left.\begin{aligned} \frac{T_1}{T_2} &= \frac{1}{\varphi^{(\kappa-1)/\kappa}} \\ \frac{T_4}{T_3} &= \frac{1}{\varphi^{(\kappa-1)/\kappa}} \end{aligned}\right\} \tag{10.28}$$

式（10.28）を式（10.26）に代入すると，理論熱効率 η_{th} は次式となる。

$$\eta_{th} = 1 - \frac{1}{\varphi^{(\kappa-1)/\kappa}} \tag{10.29}$$

式（10.29）より，圧力比 φ を大きくすると熱効率が向上することがわかる。その他の方法として，大気へ放出する燃焼ガスのエネルギーを回収する再生サイクルや，受熱量を高める再熱・中間冷却サイクルがある。

10.2.3 ブレイトン再生サイクル

ブレイトンサイクルにおいて，大気へ放出する排気ガスは比較的高温でエネルギーを有する。この熱を回収して熱効率を向上させるサイクルを**ブレイトン再生サイクル**（regeneration brayton cycle）と言う。その構成と p-V 線図を**図 10.8** に示す。

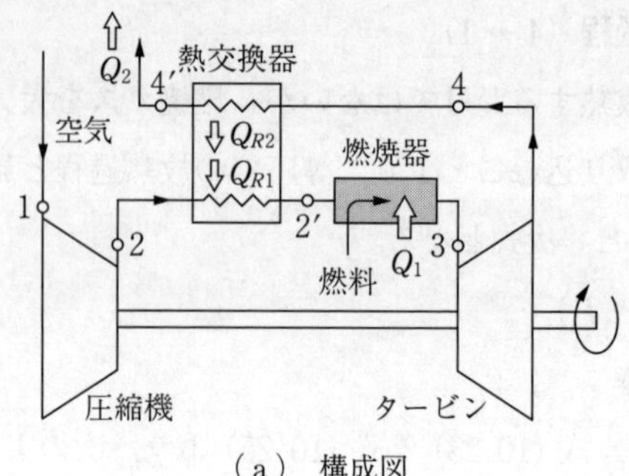

（a） 構成図

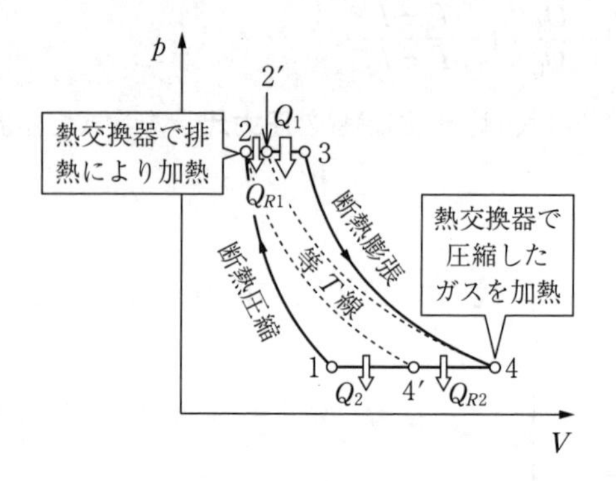

（b） p-V 線図

図 10.8 ブレイトン再生サイクル

再生サイクルにおいては，図中状態 4 の排気ガスのエネルギーを，熱交換器を用いて，状態 2 の圧縮空気の加熱に利用する。熱交換器における熱交換が理想的とすれば，両者のガス流量は等しいことより

$$T_2 = T_{4'}, \qquad T_{2'} = T_4 \tag{10.30}$$

すなわち，$T_4 \to T_{4'}$ の排熱（Q_{R2}）を，$T_2 \to T_{2'}$ の過熱（Q_{R1}）に再利用できる（$Q_{R2} = Q_{R1}$）。このとき，正味の加熱量 Q_1 および放熱量 Q_2 は，以下となる。

$$Q_1 = mc_p(T_3 - T_{2'}) \tag{10.31}$$

$$Q_2 = mc_p(T_{4'} - T_1) \tag{10.32}$$

以上より，理論熱効率 η_{th} は，式 (10.30) ～ (10.32) より次のように求められる。

$$\eta_{th}=1-\frac{Q_2}{Q_1}=1-\frac{T_{4'}-T_1}{T_3-T_{2'}}=1-\frac{T_2-T_1}{T_3-T_4} \tag{10.33}$$

ここで，温度比 τ を次式で定義する。

$$\tau=\frac{T_3}{T_1} \tag{10.34}$$

式 (10.33) に式 (10.34) を代入すると，次式が得られる。

$$\eta_{th}=1-\frac{\varphi^{(\kappa-1)/\kappa}}{\tau} \tag{10.35}$$

10.2.4　ガスタービンの熱効率

ガスタービンの理論熱効率をまとめると，以下となる。

ブレイトンサイクル　$$\eta_{th}=1-\frac{1}{\varphi^{(\kappa-1)/\kappa}} \tag{10.36}$$

ブレイトン再生サイクル　$$\eta_{th}=1-\frac{\varphi^{(\kappa-1)/\kappa}}{\tau} \tag{10.37}$$

ここで，圧力比：$\varphi=p_2/p_1$，温度比：$\tau=T_3/T_1$ である。

比熱比 $\kappa=1.4$ として，両サイクルの理論熱効率を**図 10.9** に示す。圧力比 φ の低い条件では，ブレイトン再生サイクルの方が高い熱効率であるが，圧力比が高くなると，ブレイトンサイクルの方が高い効率を示すことがわかる。ま

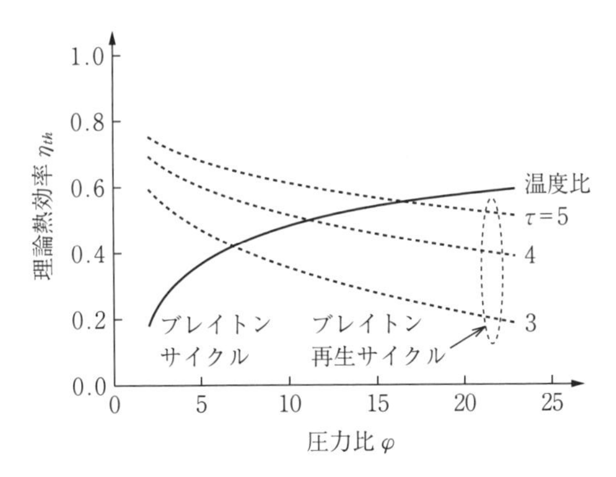

図 10.9　ガスタービンの理論熱効率[1)]

た，ブレイトン再生サイクルでは温度比 τ が大きくなると熱効率が高いことがわかる。

10.3　発電システムの効率

先の説明は理論熱効率について述べたが，実際の発電システムとして得られる発電効率は，発電出力（容量）に依存し，**図 10.10** に示すようになる。参考までに蒸気タービンの効率も記載しているが，内燃機関は容量が小さくても比較的高い発電効率が得られる。また，コージェネレーションとして利用することにより，排熱の持つエネルギーを有効活用し，総合効率を高くすることが可能である。

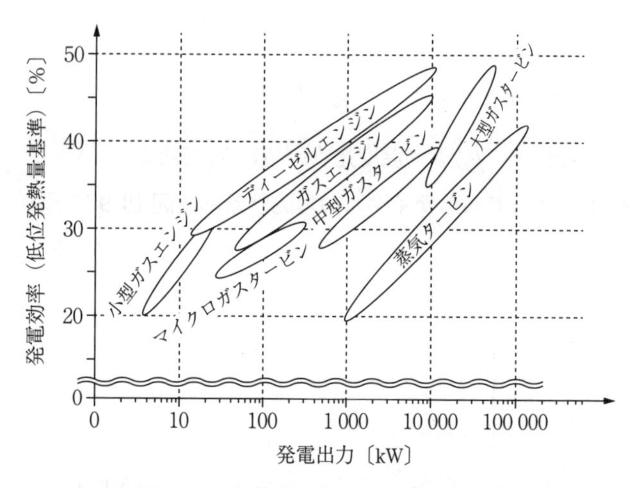

図 10.10　各種発電システムの発電効率[2)]

章　末　問　題

【10.1】 **図 10.11** にディーゼルサイクルの p-V 線図を示す。図中で［　　］はどのような過程であるかを記載しなさい。

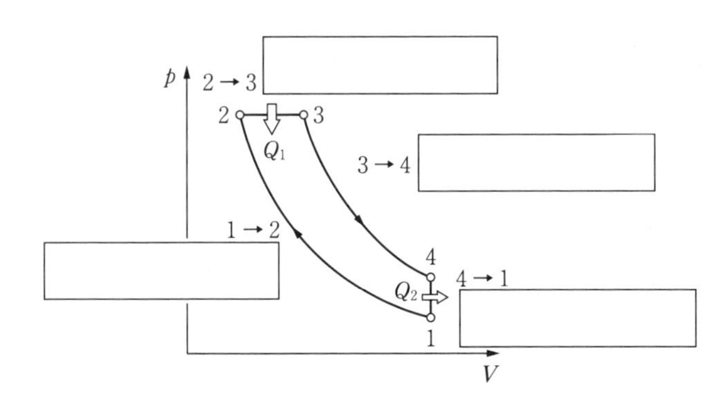

図 10.11　ディーゼルサイクルの p-V 線図

【10.2】 **図 10.12** にブレイトンサイクルの p-V 線図を示す。図中で［　　］はどのような過程であるかを記載しなさい。

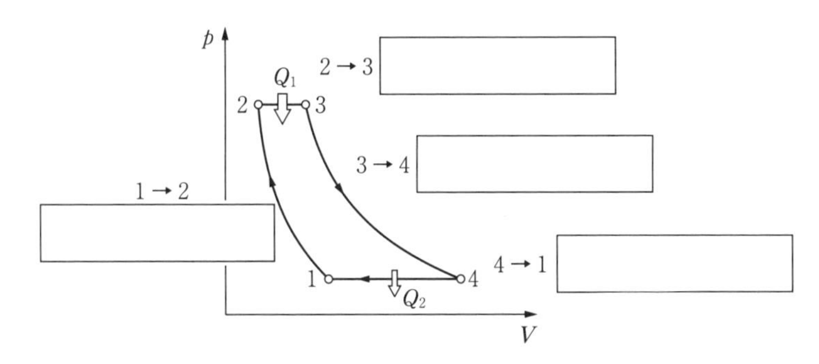

図 10.12　ブレイトンサイクルの p-V 線図

【10.3】 ブレイトンサイクルにおいて，圧縮機前後の気体の圧力がそれぞれ 0.1 MPa，1.0 MPa であった。この時の理論熱効率を求めなさい。ただし，比熱比は 1.4 とする。

第 11 章

エネルギー貯蔵

エネルギー貯蔵にはさまざまな形態があるが，本章では電力貯蔵を目的としたエネルギー貯蔵，特に，蓄電池に着目する。蓄電池は，電極を構成する材料などによりさまざまなものがあり，その代表的なものについて，構成や動作原理を説明する。また，蓄電池の応用例についても簡単に述べる。

11.1 電　力　貯　蔵

11.1.1　電力貯蔵の形態

電力貯蔵は従来より，揚水発電で昼夜の需給調整をおもな目的として行われている。最近では，再生可能エネルギー電源の出力変動などに対する課題解決，電力システムの安定化技術として活用が期待されている。

電力はそのままでは貯蔵が難しいが，さまざまな形態に変換して貯蔵することができる。その形態を**表 11.1** に示す。

表 11.1　電力貯蔵の形態

貯蔵装置	貯蔵形態
貯水（ダム，揚水発電）	位置エネルギー
蓄電池（二次電池）	化学エネルギー
電気二重層キャパシタ	電気エネルギー
フライホイール	運動エネルギー
超電導コイル	磁気エネルギー
圧縮空気エネルギー貯蔵	圧力エネルギー
水素貯蔵	化学エネルギー

蓄電池（二次電池）は従来より，色々な分野で利用されているが，中小規模のものが中心であった。最近のエネルギー密度の向上や価格の低下とともに，応用分野が急激に広がりつつある。以下では，蓄電池に着目して原理や応用例を説明する。

11.1.2 蓄電池の種類

蓄電池（storage battery）は電極を構成する材料や電解質の材料によりさまざまなものがある。**表 11.2** に，電力貯蔵に使われる代表的な蓄電池の種類を示す。

表 11.2　蓄電池の種類

蓄電池の種類	特　徴
鉛蓄電池	安価で広く普及。エネルギー密度が低く充放電効率も低い。
NAS 電池	大容量向きで工場などで利用。単位容量当たりの価格は安いが高温で動作するためヒーターロスが生じる。
リチウムイオン電池	高エネルギー密度，充放電効率も高い。価格は高い。
レドックスフロー電池	エネルギー密度は低いが，貯蔵部は液体のため容量設計の自由度が高い。ポンプロスがある。
ニッケル水素電池	高エネルギー密度，充放電効率も高い。

11.1.3 電力貯蔵の適用先

電力貯蔵の適用先は，用途が瞬時のパワー指向か長時間にわたるエネルギー指向かで大別される。また，出力の規模により家庭用やビル，運輸などの比較的規模の小さいものから，電力系統において揚水発電に適用される大規模なものまであり，それぞれに適した電力貯蔵の形態がある。

これらの組合せを**図 11.1** に示す。なお，図中の網掛け部分は蓄電池を利用したものである。

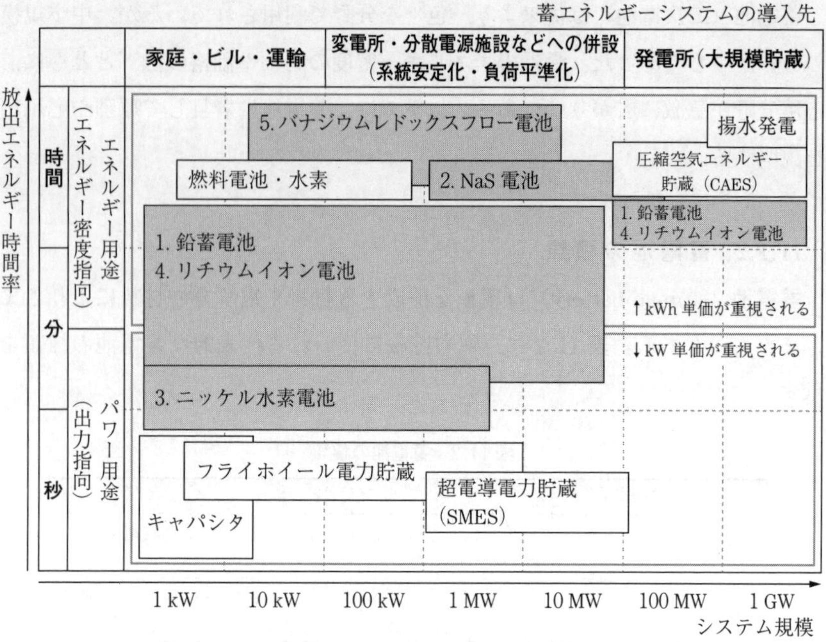

図 11.1　電力貯蔵の適用先[1)]

11.2　蓄電池の動作原理

蓄電池では，電解質および電極を構成する材料（イオン化傾向の異なる 2 種類）の化学反応で電気の充放電を行う。

放電反応：

・イオン化傾向の大きい金属が負極となる。

・負極の金属がイオン化し，電子を放出する。イオンは電解質を正極に向かう（または反応後の金属に変化する）。

充電反応：

・エネルギーを加えて逆の反応を進める。

以下に，おもな蓄電池の動作原理や特徴を説明する。

11.2.1 鉛 蓄 電 池

鉛蓄電池（lead-acid battery）は負極に鉛（Pb），正極に二酸化鉛（PbO_2），電解液に希硫酸（H_2SO_4）を用いた蓄電池であり，その動作原理と構成を**図11.2**に示す。

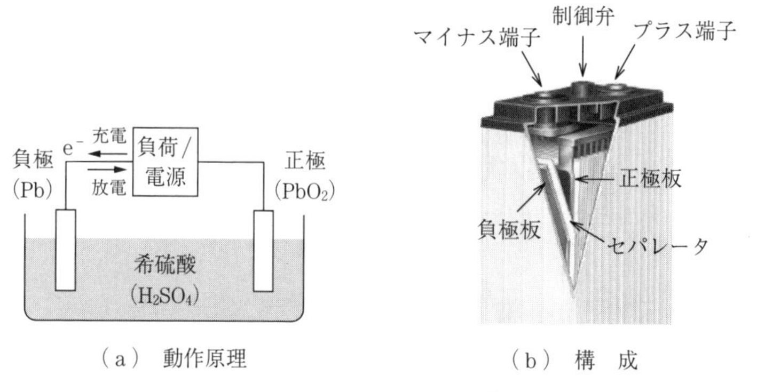

（a） 動作原理　　（b） 構 成

図 11.2 鉛蓄電池の動作原理と構成[2)]
〔（b）出典：日立化成ホームページより転載〕

起電力は約 2.0 V で，充放電時の反応式は以下である。なお，放電時は⇒方向，充電時は⇐方向の反応となる。

負極側　$Pb + SO_4^{2-} \Leftrightarrow PbSO_4 + 2e^-$

正極側　$PbO_2 + 4H^+ + SO_4^{2-} + 2e^- \Leftrightarrow PbSO_4 + 2H_2O$

全　体　$PbO_2 + 2H_2SO_4 + Pb \Leftrightarrow 2PbSO_4 + 2H_2O$

《特　徴》

① 過充電に強い。

② 常温で広い温度範囲で動作可能。

③ 価格が安く実績が豊富である。

④ リサイクル体制が確立している。

《課　題》

① 浅い充電状態で放置すると電極が劣化する。

② 充放電エネルギー効率がやや低い（75 ～ 85%）。

③ 定期的な均等充電が必要（セル間のばらつきを揃えるため）。

11.2.2 リチウムイオン電池

リチウムイオン電池（lithium-ion battery）は，正極材にリチウム含有金属酸化物（コバルト酸リチウムなど），負極に炭素系材料，電解液に有機電解液を用いた蓄電池であり，その動作原理と構成を**図 11.3** に示す。

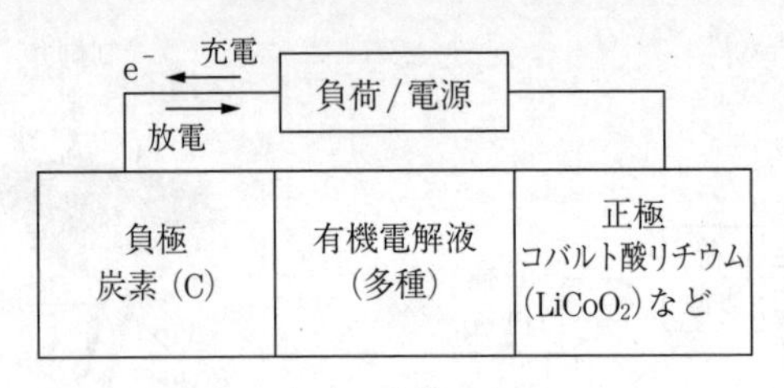

（a） 動作原理

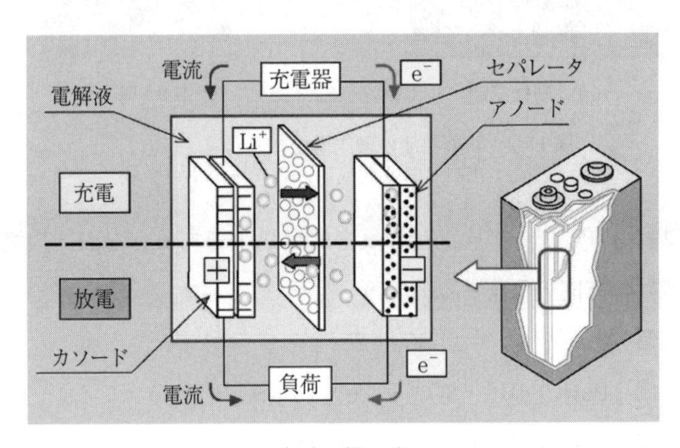

（b） 構　成

図 11.3　リチウムイオン電池の構成[3)]
〔（b）出典：橋本ほか，「リチウム二次電池を用いた系統連系円滑化蓄電システムの開発」，三菱重工技報，**46**（2）（2009）より転載〕

平均電圧は約 3.7 V で，充放電時の反応式は以下である。なお，放電時は⇒方向，充電時は⇐方向の反応となる。

負極側　$Li_xC_6 \Leftrightarrow xLi^+ + xe^- + 6C$

正極側　$Li_{1-x}CoO_2 + xLi^+ + xe^- \Leftrightarrow LiCoO_2$

《特　徴》

① エネルギー密度が高い。

② 充放電効率が高い（94 ～ 96%）。

③ 常温で動作する。

④ 自己放電が小さい。

⑤ 大容量化と省スペース化が可能。

⑥ 長寿命。

《課　題》

① 有機電解液は引火性であり，安全対策が必要。

② 過放電・過充電に弱い。

③ 高い充電状態または高温下で放置すると劣化する。

④ 価格は現状高い（量産化に伴って安くなりつつある）。

11.2.3　NAS　電　池

NAS 電池（sodium-sulfur battery）は正極に硫黄（S），負極にナトリウム（Na），電解質に固体電解質のベータアルミナセラミックスを用いた蓄電池で，その動作原理と構成を**図 11.4** に示す。

電解質内のナトリウムイオン電導を利用するため，作動温度を 300℃程度に保つ必要がある。起電力は約 2.1 V で，充放電時の反応式は以下である。なお，放電時は⇒方向，充電時は⇐方向の反応となる。

負極側　$2Na \Leftrightarrow 2Na^{+} + 2e^{-}$

正極側　$2Na^{+} + 2e^{-} + xS \Leftrightarrow Na_2S_x$

《特　徴》

① エネルギー密度が高い。

② 大容量化と省スペース化が可能である。

③ レアアースを使わないのでコストダウンが可能である。

④ 自己放電がない。

⑤ 充放電エネルギー効率が高い（90%程度）。

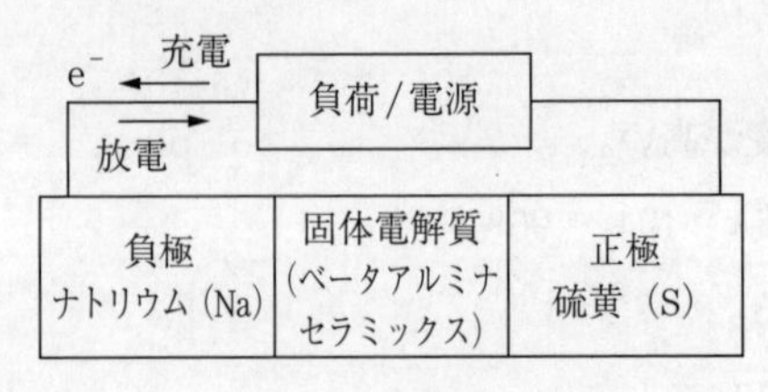

（a） 動作原理

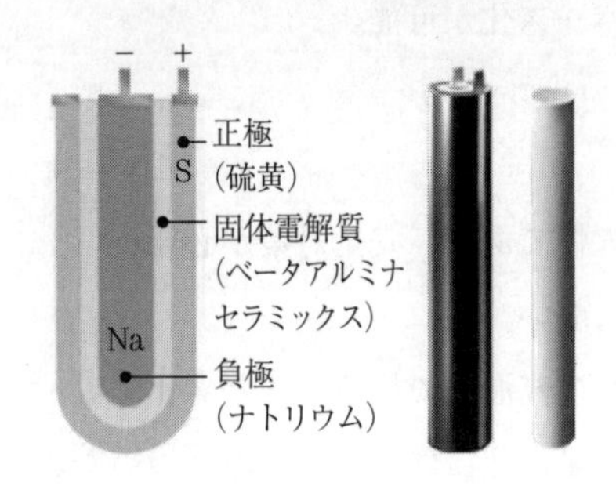

（b） 構　成

図 11.4　NAS 電池の動作原理と構成[4)]
〔（b）出典：日本ガイシホームページより転載〕

《**課　題**》

① 作動温度を 300℃ 程度に保つ必要があり運転開始時にヒーター加熱が必要。

② 電極が燃えやすい材料であり，取扱いに注意を要する。

11.2.4　レドックスフロー電池

レドックスフローとは，還元（reduction）・酸化（oxidation）反応を起こす物質を循環（flow）させることから名前が付いた。

バナジウムを用いた**レドックスフロー電池**（redox flow battery）の構成を**図 11.5** に示す。

起電力は約 1.4 V であり，充放電時の反応式は以下である。なお，放電時は⇒方向，充電時は⇐方向の反応となる。

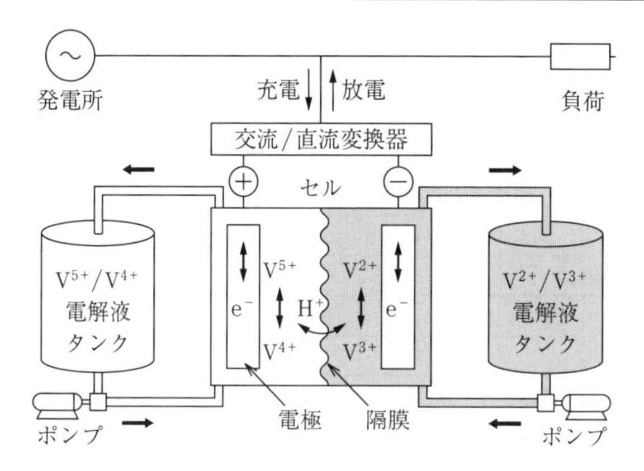

図 11.5　レドックスフロー電池の構成[5)]
〔出典：柴田ほか，「再生可能エネルギー安定化用レドックスフロー電池」，SEI テクニカルレビュー第 182 号（2013）より転載〕

負極側　V^{2+}（2 価）⇔ V^{3+}（3 価）＋ e^-

正極側　VO_2^+（5 価）＋ $2H^+$ ＋ e^- ⇔ VO^{2+}（4 価）＋ H_2O

《特　徴》

① サイクル寿命が長い。

② 不規則な充放電操作の影響がない。

③ セルとタンクを切り離した自由度の高い設置が可能（kW と kWh 容量）。

《課　題》

① エネルギー密度が低い。

② ポンプ動力が必要。

③ 電解液を通して電流損失が生じる。

11.2.5　特 性 の 比 較

各種エネルギー技術の特性比較をまとめて，**表 11.3** に示す。

なお，リチウムイオン電池のシステム価格は普及が進むにつれて急速に低下しつつある。

表 11.3 各種エネルギー技術の比較[1)]

蓄電技術名	エネルギー密度/出力密度	充放電効率	サイクル寿命	運用性	システム価格
鉛蓄電池	○/○	○	○	要均等化充電	◎
NaS 電池	◎/△	◎	○	ヒータロス有	◎
リチウムイオン電池	◎/○	◎	○	制約なし	△
レドックスフロー電池	○/△	○	○	ポンプロス有	○
ニッケル水素電池	◎/○	○	◎	要均等化充電	○
圧縮空気エネルギー貯蔵	◎/△	△	○	立地制約有	◎
揚水発電	△/△	△	◎	立地制約有	◎

◎：特に優れている ○：優れている △：やや劣る

11.3 蓄電池の応用

蓄電池の応用は，図 11.1 にも示したように広い用途が考えられる。ここでは，その応用（ピークシフト・ピークカット，周波数変動補償，不安定電源の変動補償，無停電電源装置，瞬低補償装置）について，具体的な方法や実施例について説明する。

11.3.1 ピークシフト・ピークカット

ピークシフトとは，電力消費の時間帯をずらして，電力需要ピーク時の消費電力を抑えることを言う。蓄電池を利用すれば，**図 11.6** に示すように，実際に電力消費の時間をずらさなくても夜間に充電し，昼間に放電することで，合計のピーク電力は抑制することができる。

このようにピークシフトを行うことによって，需要家が得られるメリットは，以下である。

・電力量料金の安い夜間電力を利用して経済的となる。

・ピーク電力を削減できれば，契約電力を下げられ経済的となる。

また，電力を供給する側にも以下のようなメリットがある。

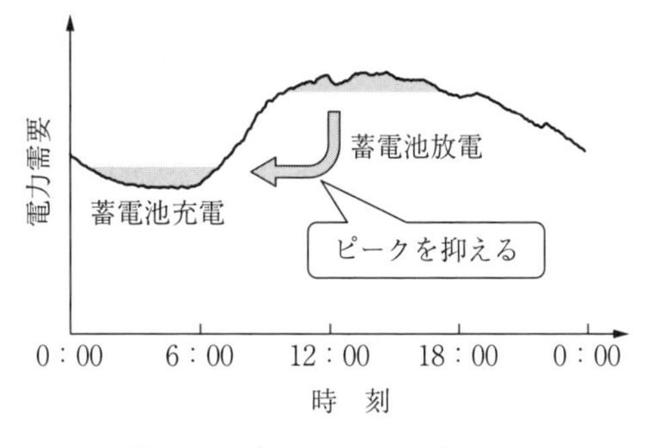

図 11.6　ピークシフトのイメージ

・需要が平準化されれば，コストの安いベース電源を活用できる。

・設備の利用率が向上しコストダウンに寄与する。

このような用途向けに，電力会社では従来より揚水発電を適用してきたが，需要家サイドに設置するものとしてビルや工場ではNAS電池が広く使われ，レドックスフロー電池も適したものである。また，家庭用としてメンテナンスのほぼ不要なリチウムイオン電池も普及し始めている。

なお，ピークカットとは，最大電力消費量そのものを下げることであり，（電気を使わない，高効率の機器に置き換えるなど）蓄電池を使用しなくても実現可能である。

11.3.2　周波数変動補償

電力系統において，需給バランス（需要と供給のバランス）をとることが周波数の安定化につながる。そのため，**負荷周波数制御**（load frequency control：LFC）が行われている。従来の負荷周波数制御では，**図 11.7** に示すように電力系統の周波数より需給バランス，すなわち発電量の過不足を推定し，出力調整が可能な発電機に対して発電出力変更の制御指令を発していた。

この考え方を蓄電池にも適用し，出力変更の制御指令をより高速に応答できる蓄電池にも配分する考え方がある。米国ではすでにアンシラリーサービスの一つとして，蓄電池による調整能力に対して市場で売買が行われている。国内

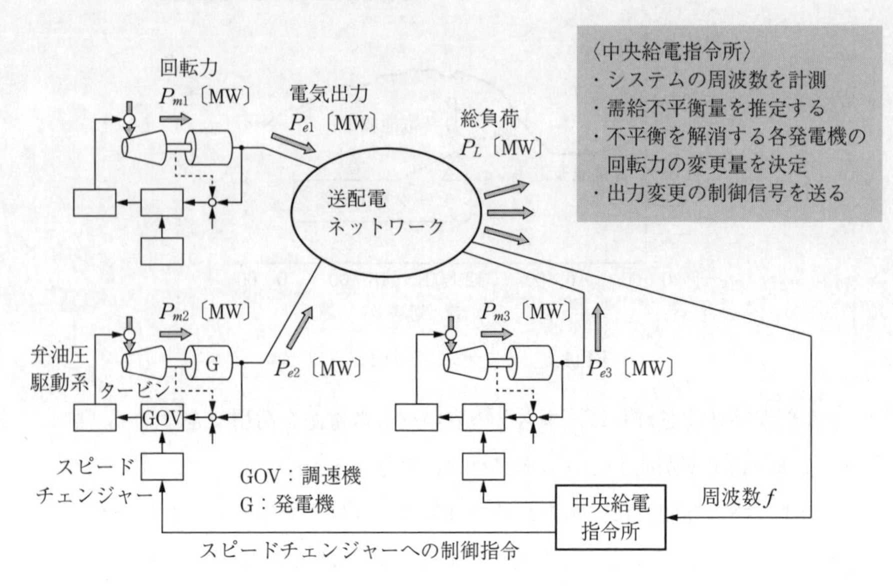

図 11.7　負荷周波数制御

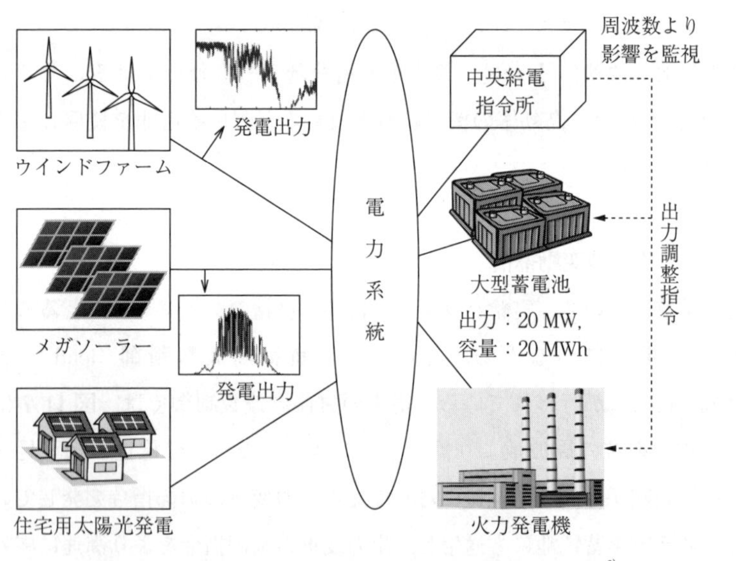

図 11.8　周波数変動対策蓄電池システム実証事業の概要 [6)]

では，**図 11.8** に示す規模で実証試験（2014 ～ 2017 年）の段階であり[6]，その効果が確認されれば制度面も含めて実用化に向けた検討が進むと考える。また，2010 ～ 2014 年にかけて，離島を対象とした実証試験が行われており，規模は小さいが蓄電池の充放電により周波数変動が抑制される効果を確認している[7]。

11.3.3　不安定電源の変動補償

太陽光発電や風力発電など自然エネルギーを利用した発電方法は，燃料が不要で地球温暖化ガスを排出しない特徴を有するが，**図 11.9** に示すように，発電量は日射量や風速など気象条件に左右されるため短時間で大きく変動するうえに発電量の正確な予測も難しい。これらの普及が進み，発電量が多くなってくると，11.3.2 項で説明した需給バランスを崩す原因となり，電力系統の周波数変動が大きくなることが懸念される。

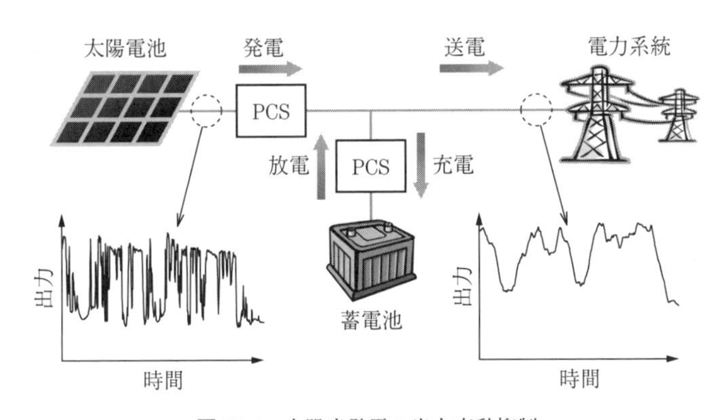

図 11.9　太陽光発電の出力変動抑制

そこで，発電出力の不規則な変動分を蓄電池により補償し，変動を抑制することが考えられる[8]。その方法は図 11.9 に示すようなシステム構成で太陽光発電などの出力の変動分を検出し，蓄電池に逆位相の出力指令を出すことによって変動分をキャンセルするものである。

また，風力発電の出力変動により導入可能量が制限されていたものを，蓄電池による変動補償などを行うことを条件に系統連系を許可するケースも出ている[9)]。

11.3.4　無停電電源装置

無停電電源装置（uninterruptible power supply：UPS）は，電力系統が停電している場合でも特定の負荷へ電力供給を継続できるようにするための装置で，停電による影響が大きく，信頼度の高い交流電力の供給が必要な負荷に適用される。

コンピュータ：データセンタ，銀行オンラインシステム，座席予約など。

通　信：情報通信機器，放送局，人工衛星との通信。

交　通：航空管制，鉄道用監視制御，道路監視制御。

プラント：火力・原子力プラント監視制御，石油化学プラント，半導体製造ライン，水処理プラント，電力系統給電指令。

その他：病院（手術室，ICU），ビル管理システム。

図 11.10 は，電力系統で短絡などが原因で瞬時電圧低下が発生したときに，

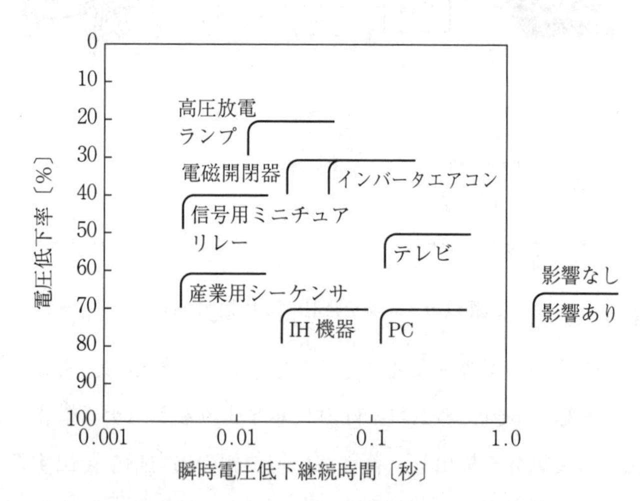

図 11.10　瞬時電圧低下時に機器が安定に稼働する範囲[10)]
〔出典：電気協同研究会，「電力系統瞬時電圧低下対策技術」電気協同研究，**67**（2）より一部を抜き出して作成〕

需要家機器が影響を受ける範囲を示したものであり，装置によっては，0.01秒間などごく短時間に20～30％の電圧低下でも影響を受けるものがある。

無停電電源装置の動作原理を**図11.11**で説明する。整流回路，蓄電池，インバータなどの構成要素により，交流電源正常時および停電時に交流電源の電圧変動，周波数変動，波形ひずみの影響を受けない安定した品質の電力を供給することができる。

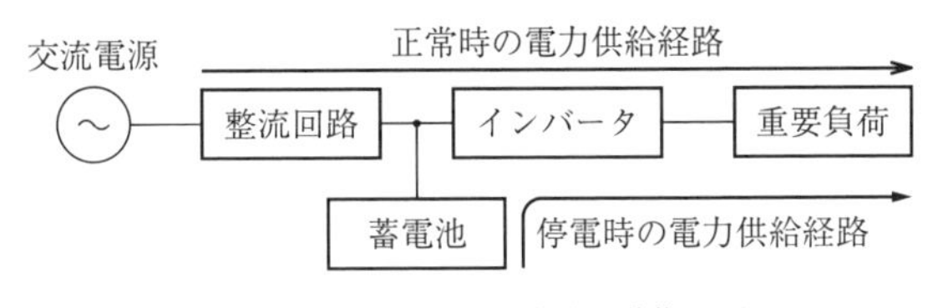

図11.11　無停電電源装置の動作原理

整流回路：正常時に交流入力を直流に変換し，インバータへ供給すると同時に蓄電池を充電する。

蓄電池：交流電源停電時にインバータへ直流電力を供給する。

インバータ：負荷へ無停電で安定した交流電力を供給する。

実用的なシステムでは，通常運用時の損失を軽減したり，インバータが故障したときにも負荷に供給できるように次のようなシステム構成がある。

（1）　バイパスあり常時インバータ給電方式

図11.12に構成を示す。UPS出力は電源電圧および周波数に依存しない方式で，①入力電源の品質にかかわらず出力の電源品質を確保しやすい，②負荷への給電安定性に優れるなどの特徴を有する。

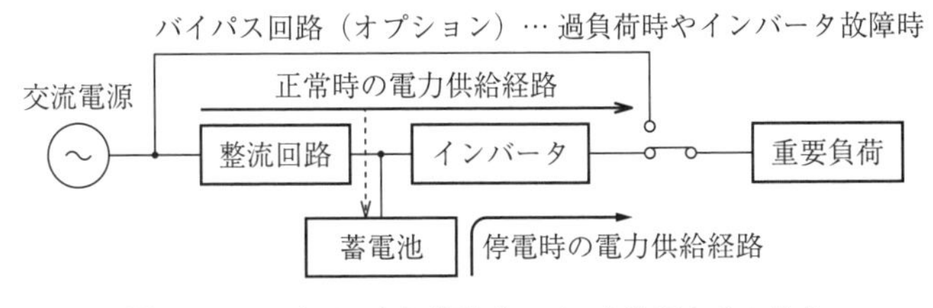

図11.12　バイパスあり常時インバータ給電方式の構成

(2) 常時商用給電方式

図 11.13 に構成を示す。UPS 出力は電源電圧および周波数に依存するが，正常時の損失が低減可能な特徴を有する。切替えの瞬時に電圧低下が発生する。

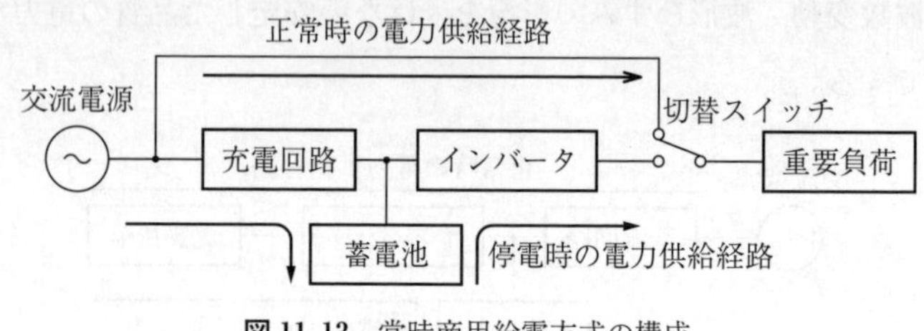

図 11.13　常時商用給電方式の構成

(3) ラインインタラクティブ方式

図 11.14 に構成を示す。UPS 出力は電源電圧の変動のみを補償する。

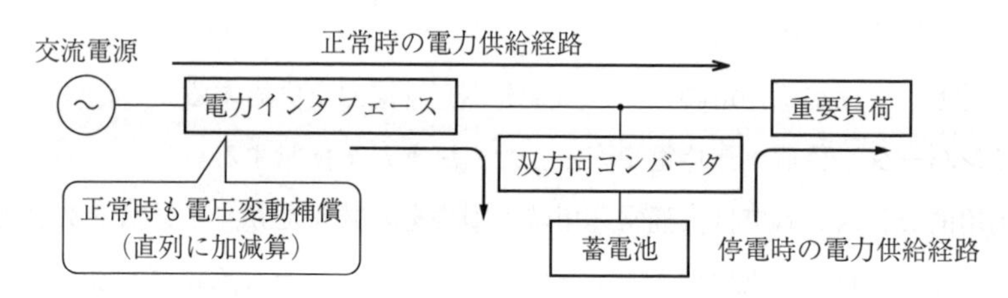

図 11.14　ラインインタラクティブ方式の構成

11.3.5 瞬低補償装置

11.3.4 項で説明した無停電電源装置は，停電を対象としており，一般的な停電継続時間や装置を安全に停止させるに必要な時間を考慮して 10 ～ 30 分程度の間，電力を供給可能な蓄電池容量としている。これに対して，瞬低補償装置では，短絡事故などが発生したときに保護継電器が動作するまでの時間（一般的に 0.1 ～ 0.2 秒）だけ補償すれば良いので，蓄電池に対する要求は軽減される。

また，負荷平準化を目的として導入された蓄電池に瞬低補償機能を付加するなど最小限のコストでシステムの機能を向上させる適用例もある。

章 末 問 題

【11.1】 鉛蓄電池とリチウムイオン電池について，エネルギー密度，充放電効率，システム価格について，比較説明しなさい。

【11.2】 電力貯蔵に用いられる蓄電池の種類を五つ挙げ，エネルギー放出の時間が長時間に向いているものから順に記載しなさい。

【11.3】 つぎの3種類の蓄電池について，電解質の種類と，動作温度に関して下線部を埋めなさい。

（1）鉛蓄電池

電解質＿＿＿＿＿＿＿＿＿＿，動作温度＿＿＿＿＿＿＿＿＿＿

（2）リチウムイオン電池

電解質＿＿＿＿＿＿＿＿＿＿，動作温度＿＿＿＿＿＿＿＿＿＿

（3）NAS電池

電解質＿＿＿＿＿＿＿＿＿＿，動作温度＿＿＿＿＿＿＿＿＿＿

【11.4】 蓄電池を応用した以下の用途について，簡単に説明しなさい。

・ピークシフト

・周波数変動補償

・不安定電源の変動補償

引用・参考文献

★1章

1）電力中央研究所：研究報告 Y09027 「日本の発電技術のライフサイクル CO_2 排出量評価」(2010)
2）総務省統計局：世界人口の推移
http://www.stat.go.jp/data/sekai/0116.htm#c02（2016 年 3 月現在）
3）CDIAC：Global Fossil-Fuel Carbon Emissions
4）CDIAC：Historical CO_2 Records from the Law Dome and Ice Cores
5）WMO：Greenhouse Gas Bullentin, No.11（2015）
6）電気事業連合会：原子力・エネルギー図面集
http://www.fepc.or.jp/library/pamphlet/zumenshu/（2016 年 3 月現在）
7）気象庁：各種データ・資料「世界の年平均気温偏差」
http://www.data.jma.go.jp/cpdinfo/temp/list/an_wld.html（2016 年 3 月現在）
8）資源エネルギー庁：エネルギー白書 2007
http://www.enecho.meti.go.jp/about/whitepaper/2007html/（2016 年 3 月現在）

★2章

1）平田哲夫ほか：図解エネルギー工学，森北出版（2011）
2）柳父　悟ほか：エネルギー変換工学，東京電機大学出版局（2004）
3）資源エネルギー庁：電力品質確保に係る系統連系技術要件ガイドライン
http://www.meti.go.jp/policy/tsutatsutou/tuuti1/aa501.pdf（2016 年 3 月現在）
4）経済産業省：電気設備の技術基準の解釈
http://www.meti.go.jp/policy/safety_security/industrial_safety/law/files/dengikaishaku.pdf（2016 年 3 月現在）
5）日本電気協会：系統連系規程 JEAC 9701-2012
6）新エネルギー・産業技術総合開発機構（北海道電力，NTT ファシリティーズ）：大規模太陽光発電システム導入の手引書
http://www.nedo.go.jp/content/100162609.pdf（2016 年 3 月現在）
7）新エネルギー・産業技術総合開発機構編：太陽光発電開発戦略（2014）

http://www.nedo.go.jp/content/100573590.pdf（2016年3月現在）
8) 資源エネルギー庁：エネルギー白書2015
http://www.enecho.meti.go.jp/about/whitepaper/2015html/（2016年3月現在）
9) 新エネルギー・産業技術総合開発機構編：再生可能エネルギー技術白書，第2章
http://www.nedo.go.jp/library/ne_hakusyo_index.html（2016年3月現在）

★3章

1) Meteonorm ホームページ
http://www.meteonorm.com/
2) 新エネルギー・産業技術総合開発機構編：再生可能エネルギー技術白書，第5章
http://www.nedo.go.jp/library/ne_hakusyo_index.html（2016年3月現在）
3) NREL（National Renewable Energy Laboratory）
http://www.nrel.gov/csp/solarpaces/（2016年3月現在）
4) IEA（International Energy Agency）：World Energy Outlook 2011
http://www.worldenergyoutlook.org/publications/（2016年3月現在）

★4章

1) 清水幸丸：風力発電技術（改訂版），パワー社（2005）
2) 牛山　泉：風車工学入門，森北出版（2002）
3) 牛山　泉ほか：風と太陽と海，コロナ社（2001）
4) 新エネルギー・産業技術総合開発機構編：風力発電導入ガイドブック
http://www.nedo.go.jp/library/fuuryoku/guidebook.html（2016年3月現在）
5) 新エネルギー・産業技術総合開発機構編：風力資料，1997年
6) 東北電力：周波数変動対策に関する技術要件，2013年7月
https://www.tohoku-epco.co.jp/oshirase/newene/04/pdf/h27_01.pdf（2016年3月現在）
7) 新エネルギー・産業技術総合開発機構：日本における風力発電設備導入実績
http://www.nedo.go.jp/library/fuuryoku/state/1-01.html（2016年3月現在）
8) GWEC（Global Wind Energy Council）：Global wind report annual market update
9) 新エネルギー・産業技術総合開発機構編：再生可能エネルギー技術白書，第3章
http://www.nedo.go.jp/library/ne_hakusyo_index.html（2016年3月現在）

★5章

1) 平田哲夫ほか：図解エネルギー工学，森北出版（2011）
2) 資源エネルギー庁：中小水力発電計画導入の手引き資料編4（2014）
http://www.meti.go.jp/meti_lib/report/2014fy/E003937.pdf（2016年3月現在）
3) 新エネルギー・産業技術総合開発機構編：再生可能エネルギー技術白書，第8章
http://www.nedo.go.jp/library/ne_hakusyo_index.html（2016年3月現在）

★6章

1) 前田久明ほか：波浪発電，生産研究，**31**（11）（1979）
2) 新エネルギー・産業技術総合開発機構編：再生可能エネルギー技術白書 2010年度版，第6章，エネルギーフォーラム（2010）
3) 新エネルギー・産業技術総合開発機構編：再生可能エネルギー技術白書（第2版），第6章
http://www.nedo.go.jp/library/ne_hakusyo_index.html（2016年3月現在）
4) 中川寛之：振動水柱型波力発電装置の一次変換効率に関する基礎的研究，日本船舶海洋工学会論文集，第6号，p.194（2007）
5) Antonio F. de O. Falcao：Wave Energy Utilization, A Review of the Technologies, Renewable and Sustainable Energy Reviews, **14**（2010）
6) T. Setoguchi and M. Takao：Current Status of Self Rectifying Air Turbines for Wave Energy Conversion, Energy Conversion and Management, **47**（2006）
7) 海洋工学ハンドブック編集委員会編：海洋工学ハンドブック，コロナ社（1975）
8) 茅 陽一監修：新エネルギー大辞典，工業調査会（2002）
9) 気象庁：知識・解説「海水温・海流の知識（海流）」
http://www.data.jma.go.jp/gmd/kaiyou/data/db/kaikyo/knowledge/kairyu.html（2016年3月現在）
10) IHI：黒潮で発電!? 水中浮遊式海流発電システムの開発，IHI技報，**53**（2）（2013）
11) 川崎重工業ホームページ（ニュース）資料，2013年4月25日

★7章

1) 九州電力パンフレット
http://www.kyuden.co.jp/company_pamphlet_book_plant_geothermal_index.html（2016年3月現在）

2）新エネルギー・産業技術総合開発機構編：地熱発電の現状（2008）
3）新エネルギー・産業技術総合開発機構編：再生可能エネルギー技術白書，第7章
http://www.nedo.go.jp/library/ne_hakusyo_index.html（2016年3月現在）
4）NEDO海外レポート No.1023
http://www.nedo.go.jp/content/100105443.pdf（2016年3月現在）

★8章

1）新エネルギー・産業技術総合開発機構編：再生可能エネルギー技術白書，第4章
http://www.nedo.go.jp/library/ne_hakusyo_index.html（2016年3月現在）
2）化学工学会編：図解　新エネルギーのすべて（改訂版），工業調査会（2011）
3）電気学会：火力発電総論
4）林野庁：森林・林業白書（平成22年度）
http://www.rinya.maff.go.jp/j/kikaku/hakusyo/22hakusho/index.html（2016年3月現在）
5）電気事業連合会：Infobase 2015（h-11）
http://www.fepc.or.jp/library/data/infobase/（2016年3月現在）
6）高度情報科学技術研究機構：木質バイオマス発電事業の一例
http://www.rist.or.jp/atomica/data/dat_detail.php?Title_No=01-05-03-03（2016年3月現在）
7）資源エネルギー庁パンフレット「新エネニッポン　関東エリア編」
http://www.enecho.meti.go.jp/about/pamphlet/new_energy/（2016年3月現在）
8）清水幸丸編著，吉田孝男ほか共著：再生型自然エネルギー利用技術，パワー社（2006）
9）資源エネルギー庁　総合資源エネルギー調査会　長期エネルギー需給見通し小委員会（第4回会合）配布資料
10）環境省大臣官房廃棄物・リサイクル対策部：日本の廃棄物処理

★9章

1）新エネルギー・産業技術総合開発機構：溶融炭酸塩形燃料電池発電技術開発に関する調査，p.6（2004年9月）
2）篠崎　功ほか：汚泥消化ガス燃料電池発電システム，東芝レビュー，**55**（6）
https://www.toshiba.co.jp/tech/review/2000/06/index_j.htm（2016年3月現在）

3)　電気学会・燃料電池発電次世代システム技術調査専門委員会：燃料電池の技術，オーム社（2002）
4)　燃料電池実用化推進協議会：
http://www.fccj.jp/（2016年3月現在）
5)　電気学会燃料電池運転性調査専門委員会編：燃料電池発電，p.1，コロナ社（1944）

★10章

1)　平田哲夫ほか：図解エネルギー工学，森北出版（2011）
2)　新エネルギー・産業技術総合開発機構編：再生可能エネルギー技術白書，第4章
http://www.nedo.go.jp/library/ne_hakusyo_index.html（2016年3月現在）

★11章

1)　新エネルギー・産業技術総合開発機構編：再生可能エネルギー技術白書，第9章
http://www.nedo.go.jp/library/ne_hakusyo_index.html（2016年3月現在）
2)　日立化成：蓄電池の原理・構造
http://www.hitachi-chem.co.jp/japanese/products/sds/ibattery/013.html（2016年3月現在）
3)　橋本　勉ほか：リチウム二次電池を用いた系統連系円滑化蓄電システムの開発，三菱重工技報，**46**（2），（2009）
https://www.mhi.co.jp/technology/review/pdf/462/462049.pdf（2016年3月現在）
4)　日本ガイシ：NAS電池とは　構造・原理
http://www.ngk.co.jp/product/nas/about/principle.html（2016年3月現在）
5)　柴田俊和ほか：再生可能エネルギー安定化用レドックスフロー電池，SEIテクニカルレビュー第182号（2013）
http://www.sei.co.jp/technology/tr/bn182/pdf/sei10742.pdf（2016年3月現在）
6)　東北電力：西仙台変電所の大型蓄電池システムの営業運転開始について，2015年
http://www.tohoku-epco.co.jp/news/normal/1189166_1049.html（2016年3月現在）
7)　Masahiro Tamaki et al.：Demonstration Results using Miyako Island Mega-Solar

Demonstration Research Facility, IEEE Transmission and Distribution 2012, Paper No. TD2012-000329

8) 野呂康宏ほか：大規模太陽光発電所向けの出力変動抑制装置の構築と検証，電気学会論文誌 B, **132**（4），pp.381-386（2012）

9) 東北電力：周波数変動対策に関する技術要件，2013 年 7 月
http://www.tohoku-epco.co.jp/oshirase/newene/04/index.html（2016 年 3 月 現在）

10) 電気協同研究会：電力系統瞬時電圧低下対策技術，電気協同研究，**67**（2）（2011）

章末問題解答

★2章

【2.1】 2.2.2 項参照

【2.2】 2.3 節（1）参照

【2.3】 $47\,000\,\mathrm{m}^2 \times 1\,\mathrm{kW/m}^2 \times 0.15 = 7\,050\,\mathrm{kW}$

【2.4】 $1\,372\,\mathrm{W/m}^2$，H_2O，CO_2，$1\,000\,\mathrm{W/m}^2$

【2.5】（1）交流，（2）最大電力追従運転（MPPT），（3）系統連系保護

【2.6】 2.5.1 項参照

★3章

【3.1】 3.3 節（1），（3）参照

【3.2】（1）約 380℃，約 15%，（2）250 ～ 300℃，8 ～ 10%，（3）約 550℃，20 ～ 35%

★4章

【4.1】 式 (4.2) および図 4.14 より $n=2$ および 7 として，14.7 m/s および 7.8 m/s

【4.2】 風車の回転数は 20/60 = 0.33 rps より，式 (4.6) を用いて周速は 62.8 m/s，周速比は 5.0 となる。

【4.3】 式 (4.7) より風車の受風面を通過するエネルギーは $E=P_g/(C_p\eta_{gb}\eta_g)=$ 2 924 kW，式 (4.1) より受風面積は $A=2E/(\rho v^3)=2\,765\,\mathrm{m}^2$，よってロータ直径は $D=2\times\sqrt{2765/\pi}=59.3\,\mathrm{m}$ となる。

【4.4】 4.5.1 項参照

【4.5】 4.6.2 ～ 4.6.4 項参照

【4.6】 4.7.3 項参照

★5章

【5.1】 式 (5.4) より $Q=P/\eta\rho gH=11.3\,\mathrm{m}^3/\mathrm{s}$

【5.2】 式 (5.10) より比速度 $n_s=525$ m-kW。表 5.1 より，落差と比速度両方適する水車はプロペラ水車またはカプラン水車。

【5.3】 式 (5.11) より $\eta = P_g/(\eta_g \rho g Q H) = 0.848$ (84.8%)

★6章

【6.1】 6.1.2 項，6.2.2 項，6.3 節参照

【6.2】 (1) 位置，運動，(2) 熱，(3) 位置，(4) 運動

★7章

【7.1】 (1) ○，(2) ○，(3) ○，(4) ×

【7.2】 ① ○蒸気 (最も圧力が高い)，② 熱水，③ ×排水 (最も温度が低い)

【7.3】 7.1.3 項および 7.5 節参照

★8章

【8.1】 (1) 未利用系資源，(2) 廃棄物系資源，(3) 生産系資源，(4) 廃棄物系資源，(5) 廃棄物系資源

【8.2】 8.3.1 項参照

【8.3】 牛 1 頭当たり 1.5 kWh/日の発電が可能であるから，100 頭では平均電力が $100 \times 1.5/24 = 6.25$ kW，年間では $6.25 \times 8\,760 = 55\,000$ kWh の発電量が見込める。

★9章

【9.1】 図 9.4 参照

【9.2】 9.2.1 項，9.2.4 項参照

【9.3】 式 (9.5) より理論変換効率は $\eta' = -237.1/-285.8 = 0.830$ (83.0%)。
式 (9.7) より理論起電力は $E = 1.23$ V である。これを用いて電圧効率は式 (9.8) より $\eta_v = 0.68/2.3 = 0.553$ (55.3%) となり，燃料利用率は 80% なので $\eta_f = 0.8$ V となる。
燃料組成中の可燃成分は水素のみなので熱量効率は $\eta_h = 1.0$ となり，式 (9.11) より発電効率は $\eta_T = 0.367$ (36.7%) となる。

【9.4】 9.3.1 項参照

【9.5】 家庭用燃料電池の場合，熱需要が半分になっても都市ガス消費量および CO_2 排出量は変化しない。これに対して，従来のシステムでは熱需要が半分になると都市ガス消費量が半分 (1 194 → 597 kcal)，CO_2 排出量もボイラ分が半分 (0.255 → 0.128 kg-CO_2) となる。よって合計の燃料消費量は 3 590 → 2 993 kcal，CO_2 排出量は 0.761 → 0.634 kg-CO_2 となる。この結果，

省エネ効果は（1－2 688/2 993）*100＝10.2%，CO_2削減効果は（1－0.574/0.634）*100＝9.5%となる。

【9.6】 図9.24参照

★10章

【10.1】 図10.4参照

【10.2】 図10.7参照

【10.3】 圧力比$\varphi=1.0/0.1=10$，比熱比$\kappa=1.4$であるから，式(10.29)より$\eta_{th}=0.482$（48.2%）となる。

★11章

【11.1】 表11.2参照

【11.2】 11.1.2項および図11.1参照

【11.3】 （1）希硫酸，常温，（2）有機電解液，常温，（3）ベータアルミナセラミックス，300℃

【11.4】 11.3.1～11.3.3項参照

索　　引

―― 著 者 略 歴 ――

1980 年　東北大学工学部電気系学科卒業
1982 年　東北大学大学院工学研究科博士前期課程修了（電気及通信工学専攻）
1982 年　株式会社東芝　勤務
2003 年　博士（工学）（北海道大学）
2015 年　工学院大学教授
　　　　現在に至る

分散型エネルギーによる発電システム
Power Generation Systems by Distributed Energy Resources

2016 年 9 月 26 日　初版第 1 刷発行　★

検印省略

著　者　野呂（のろ）康宏（やすひろ）
発行者　株式会社　コロナ社
　　　　代表者　牛来真也
印刷所　萩原印刷株式会社

112-0011　東京都文京区千石 4-46-10
発行所　株式会社　コ　ロ　ナ　社
CORONA PUBLISHING CO., LTD.
Tokyo　Japan
振替 00140-8-14844・電話(03)3941-3131(代)
ホームページ　http://www.coronasha.co.jp

ISBN 978-4-339-00888-3　（松岡）　（製本：愛千製本所）
Printed in Japan

新コロナシリーズ

（各巻B6判，欠番は品切です）

No.	書名	著者	頁	本体
2.	ギャンブルの数学	木下栄蔵著	174	1165円
3.	音 戯 話	山下充康著	122	1000円
4.	ケーブルの中の雷	速水敏幸著	180	1165円
5.	自然の中の電気と磁気	高木相著	172	1165円
6.	おもしろセンサ	國岡昭夫著	116	1000円
7.	コロナ現象	室岡義廣著	180	1165円
8.	コンピュータ犯罪のからくり	菅野文友著	144	1165円
9.	雷の科学	饗庭貢著	168	1200円
10.	切手で見るテレコミュニケーション史	山田康二著	166	1165円
11.	エントロピーの科学	細野敏夫著	188	1200円
12.	計測の進歩とハイテク	高田誠二著	162	1165円
13.	電波で巡る国ぐに	久保田博南著	134	1000円
14.	膜とは何か —いろいろな膜のはたらき—	大矢晴彦著	140	1000円
15.	安全の目盛	平野敏右編	140	1165円
16.	やわらかな機械	木下源一郎著	186	1165円
17.	切手で見る輸血と献血	河瀬正晴著	170	1165円
19.	温度とは何か —測定の基準と問題点—	櫻井弘久著	128	1000円
20.	世界を聴こう —短波放送の楽しみ方—	赤林隆仁著	128	1000円
21.	宇宙からの交響楽 —超高層プラズマ波動—	早川正士著	174	1165円
22.	やさしく語る放射線	菅野・関共著	140	1165円
23.	おもしろ力学 —ビー玉遊びから地球脱出まで—	橋本英文著	164	1200円
24.	絵に秘める暗号の科学	松井甲子雄著	138	1165円
25.	脳波と夢	石山陽事著	148	1165円
26.	情報化社会と映像	樋渡涓二著	152	1165円
27.	ヒューマンインタフェースと画像処理	鳥脇純一郎著	180	1165円
28.	叩いて超音波で見る —非線形効果を利用した計測—	佐藤拓宋著	110	1000円
29.	香りをたずねて	廣瀬清一著	158	1200円
30.	新しい植物をつくる —植物バイオテクノロジーの世界—	山川祥秀著	152	1165円
31.	磁石の世界	加藤哲男著	164	1200円
32.	体を測る	木村雄治著	134	1165円
33.	洗剤と洗浄の科学	中西茂子著	208	1400円

	書名	著者	頁	本体
34.	電気の不思議 —エレクトロニクスへの招待—	仙石正和編著	178	1200円
35.	試作への挑戦	石田正明著	142	1165円
36.	地球環境科学 —滅びゆくわれらの母体—	今木清康著	186	1165円
37.	ニューエイジサイエンス入門 —テレパシー，透視，予知などの超自然現象へのアプローチ—	窪田啓次郎著	152	1165円
38.	科学技術の発展と人のこころ	中村孔治著	172	1165円
39.	体を治す	木村雄治著	158	1200円
40.	夢を追う技術者・技術士	CEネットワーク編	170	1200円
41.	冬季雷の科学	道本光一郎著	130	1000円
42.	ほんとに動くおもちゃの工作	加藤孜著	156	1200円
43.	磁石と生き物 —からだを磁石で診断・治療する—	保坂栄弘著	160	1200円
44.	音の生態学 —音と人間のかかわり—	岩宮眞一郎著	156	1200円
45.	リサイクル社会とシンプルライフ	阿部絢子著	160	1200円
46.	廃棄物とのつきあい方	鹿園直建著	156	1200円
47.	電波の宇宙	前田耕一郎著	160	1200円
48.	住まいと環境の照明デザイン	饗庭貢著	174	1200円
49.	ネコと遺伝学	仁川純一著	140	1200円
50.	心を癒す園芸療法	日本園芸療法士協会編	170	1200円
51.	温泉学入門 —温泉への誘い—	日本温泉科学会編	144	1200円
52.	摩擦への挑戦 —新幹線からハードディスクまで—	日本トライボロジー学会編	176	1200円
53.	気象予報入門	道本光一郎著	118	1000円
54.	続もの作り不思議百科 —ミリ，マイクロ，ナノの世界—	JSTP編	160	1200円
55.	人のことば，機械のことば —プロトコルとインタフェース—	石山文彦著	118	1000円
56.	磁石のふしぎ	茂吉・早川共著	112	1000円
57.	摩擦との闘い —家電の中の厳しき世界—	日本トライボロジー学会編	136	1200円
58.	製品開発の心と技 —設計者をめざす若者へ—	安達瑛二著	176	1200円
59.	先端医療を支える工学 —生体医工学への誘い—	日本生体医工学会編	168	1200円
60.	ハイテクと仮想の世界を生きぬくために	齋藤正男著	144	1200円
61.	未来を拓く宇宙展開構造物 —伸ばす、広げる、膨らませる—	角田博明著	176	1200円
62.	科学技術の発展とエネルギーの利用	新宮原正三著	154	1200円

定価は本体価格+税です。
定価は変更されることがありますのでご了承下さい。

図書目録進呈◆